EILH. ALFRED MITSCHERLICH

ERTRAGSGESETZE

Mit einem Vorwort von
N. Atanasiu

1956

AKADEMIE-VERLAG · BERLIN

Erstmalig erschienen in „Vorträge und Schriften"
der Deutschen Akademie der Wissenschaften zu Berlin in drei Heften
Heft 31: „Die Ertragsgesetze" (1948)
Heft 37: „Über die Fehler bei Ertragsversuchen" (1950)
Heft 43: „Das Gesetz vom abnehmenden Bodenertrage und was darunter zu verstehen ist" (1952)

Erschienen im Akademie-Verlag GmbH., Berlin W 8, Mohrenstraße 39
Lizenz-Nr. 202 · 100/316/56
Satz, Druck und Bindung: IV/2/14 - VEB Werkdruck Gräfenhainichen - 570
Bestell- und Verlagsnummer: 5215
Printed in Germany

VORWORT

Am 3. Februar 1956 verschied E. A. MITSCHERLICH und konnte somit bedauerlicherweise die Herausgabe dieses Bandes nicht mehr erleben. Der Verlag und der Verfasser dieses Vorwortes hatten aber vorher noch Gelegenheit, technische Einzelheiten darüber mit ihm durchzusprechen, und er konnte noch selbst den Titel des Bandes: „Ertragsgesetze" auswählen. Insofern erfolgt nun die Herausgabe ganz im Sinne MITSCHERLICHS, und ich hoffe, daß auch der Leser in diesem Bande den Altmeister der Ertragsgesetzforschung so wiederfindet, wie er ihm durch seine zahlreichen Publikationen seit Jahrzehnten bekannt ist.

Der Band enthält drei als einzelne Broschüren bereits veröffentlichte und inzwischen vergriffene Werke von E. A. MITSCHERLICH: „Die Ertragsgesetze", „Über die Fehler bei Ertragsversuchen" und „Das Gesetz vom abnehmenden Bodenertrage und was darunter zu verstehen ist".

Das erste Werk stellt einen zusammenfassenden Überblick MITSCHERLICHS über das gesamte Problem der Ertragsgesetze dar, worin die geschichtliche Entwicklung, der derzeitige Stand der Forschung und ihre praktische Nutzanwendung geschildert werden.

Seit der ersten Veröffentlichung MITSCHERLICHS auf diesem Gebiete: „Das Gesetz des Minimums und das Gesetz des abnehmenden Bodenertrages" (Landw. Jahrb. XXXVIII, 1909) sind nunmehr 47 Jahre vergangen, und ihr folgten allein aus der Feder MITSCHERLICHS über 100 weitere Arbeiten. Seine Anschauungen über die Beziehung: Wachstumsfaktor — Ertrag und ihre mathematische Formulierung schufen eine neue Forschungsrichtung, welche Wissenschaftler verschiedenster Disziplinen umfaßte und deren Mittelpunkt MITSCHERLICH und sein Institut bildeten. Die Anzahl der auf diesem Gebiete in der ganzen Welt veröffentlichten Arbeiten ist unübersehbar. Besonders anziehend wirkten die praktischen Möglichkeiten der Nutzanwendung des Ertragsgesetzes, wodurch wichtigen und schwierigen Problemen — wie dem der Bodenuntersuchung — eine einfache und sichere Lösung in Aussicht gestellt wurde. MITSCHERLICH erkannte rechtzeitig die Bedeutung dieser Arbeiten und entwickelte hierfür den weltbekannten *Gefäßdüngungsversuch* oder die *pflanzenphysiologische* Methode der Bodenuntersuchung. Es sei hier besonders der Umstand hervorgehoben, daß MITSCHERLICH selbst zuerst das Problem der Bodenuntersuchung auf seinen Nährstoffgehalt auf *chemischem* Wege zu lösen versuchte, darüber streng wissenschaftlich eine große Arbeit geleistet und eine eigene Methode ausgearbeitet hat. Erst als er trotz dieser Arbeiten die Überzeugung gewann, daß auf diesem Wege das Problem keine quantitative Lösung erfahren konnte, wandte er sich der pflanzenphysiologischen Methode zu.

MITSCHERLICHS Formulierung des Ertragsgesetzes hatte zwar ihren Ursprung Pflanzenexperimenten zu verdanken, ging aber weiter zurück auf chemisch-physikalische Vorgänge, wie bimolekulare Reaktionen und Löslichkeit, und wurde darüber hinaus — durch Wachstumsuntersuchungen bei Fischarten usw. — auf das Tierreich ausgedehnt. Mehrere Tausende von Experimenten wurden von ihm selbst durchgeführt und als Grundstein für das von ihm aufgestellte „Wirkungsgesetz der Wachstumsfaktoren" gelegt.

Trotz dieses Umfanges blieben diese Untersuchungen nicht ohne Widersprüche, welche bereits in den frühesten Zeiten in zweierlei Hinsicht ausgesprochen wurden, und zwar was die mathematische Formulierung selbst:

$$\frac{dy}{dx} = c\,(A-y)$$

und was die von MITSCHERLICH angenommene „Konstanz" des Faktors „c" anbelangt.

Die Kritiken und ihre Widerlegung regten neue Arbeiten an und diesem wissenschaftlichen Kampfe verdankt unsere naturwissenschaftliche Forschung ein ungemein umfangreiches und wertvolles Material.

Es zeigte sich bei allen diesen Arbeiten, daß die Formulierung von MITSCHERLICH mathematisch zwar nicht die einzigste Möglichkeit darstellt, daß diese aber den anderen aus Gründen der Einfachheit und Sinnfülle vorzuziehen ist. Ob weitere Arbeiten eine einfachere Formulierung, womöglich sogar eine sinnvollere ergeben werden, kann man natürlich jetzt noch nicht übersehen.

Was die Konstanz des Faktors „*c*" anbelangt, so kann man heute diesen Streit als abgeschlossen betrachten, da man sich darüber geeinigt hat, daß diese nur bei *absoluter* Konstanthaltung der Versuchsbedingungen als *absolut* gegeben ist. MITSCHERLICH selbst formulierte in einer Arbeit neueren Datums die Beziehung zwischen dem Faktor „*c*" und den Versuchsbedingungen durch die Abhängigkeit seiner Größe von der Höhe des Höchstertrages *A*.

Für die Praxis des Düngungsversuches genügt aber die „Konstanz", welche man schafft, wenn man darauf achtet, daß man im Gefäß immer unter *optimalen* Bedingungen arbeitet und im Felde nur die Versuchsergebnisse normaler Ertragsjahre auswertet.

Das zweite Werk dieses Bandes führt uns in ein weiteres Arbeitsgebiet MITSCHERLICHS, welches wiederum als Grenzgebiet zwischen Mathematik und Landwirtschaft zu betrachten ist: die Fehlerwahrscheinlichkeitsrechnung in ihrer Anwendung in der Landbauwissenschaft. Auch hier sind seine Pionierarbeiten grundlegend für die weitere Entwicklung gewesen und zeugen von seiner steten Bemühung, exakt und quantitativ zu forschen, gleichzeitig aber die Grenzen der vom Forschungsobjekt ermöglichten Genauigkeitsgrenze erkennend.

Das dritte Werk des Bandes entstand aus der Notwendigkeit einer *Klarlegung von Begriffen,* welche — wie es leider nicht selten der Fall ist — nicht immer mit ihrem ursprünglichen Inhalt übernommen oder übertragen werden. Der Anfang dieses Werkes — ein Zitat aus MAX PLANK — stellt gleich die Verbindung zwischen den beiden großen Naturforschern her. So verschieden ihre Arbeitsgebiete waren, so ähnlich waren aber ihre Anschauungen. So wie PLANK an seinem Lebensabend mit einer ungewöhnlichen Geistesklarheit und mit dem Gewicht eines arbeitsreichen Lebens als exakter Naturforscher für die Klarlegung von grundlegenden Begriffen eintrat, so legt MITSCHERLICH in diesem Artikel eine klare Definition des „Gesetzes vom abnehmenden Bodenertrage" nieder. Gerade er — als Schöpfer auf diesem Gebiete — verfügte nach mehr als 40jähriger intensivster eigener Arbeit und weltumspannender internationaler Mitarbeit über die hierzu notwendige Perspektive. Wir können uns glücklich schätzen, von ihm diese Arbeit noch bekommen zu haben, wodurch Wege für eine uneingeschränkte Fortsetzung seiner so fruchtbaren Forschungsrichtung eröffnet wurden.

Paulinenaue, den 29. 2. 1956 *N. Atanasiu*

INHALTSVERZEICHNIS

Seite

1. Die Ertragsgesetze 1

2. Über die Fehler bei Ertragsversuchen 36

3. Das Gesetz vom abnehmenden Bodenertrage und was darunter zu verstehen ist 58

DIE ERTRAGSGESETZE

Jedes Lebewesen, ob Mensch, Tier oder Pflanze, unterliegt in seinem Aufbau zwei grundlegenden, mathematisch formulierbaren Naturgesetzen, die man bei der Pflanze, bei der der Abschluß des Aufbaus als Ertrag bezeichnet wird, „Ertragsgesetze" nennt.

Das erste dieser beiden Naturgesetze besagt uns, wie sich der pflanzliche Organismus unter dem Einflusse der vielen verschiedenen inneren und äußeren Lebenseinflüsse, die wir als „Wachstumsfaktoren" bezeichnen, aufbauen muß. Wir bezeichnen es darum als das „Wirkungsgesetz der Wachstumsfaktoren". Das zweite von ihnen lehrt uns, wie dieser pflanzliche Aufbau im Verlaufe der Vegetationszeit zu erfolgen hat. Es wird darum „Pflanzenwachstumsgesetz" genannt.

Beide Gesetze führen so zum gleichen Abschluß des Ertrages und sind, wie man daraus unschwer zu entnehmen vermag, keineswegs unabhängig voneinander.

I. Das Wirkungsgesetz der Wachstumsfaktoren

Erst im Verlaufe eines Jahrhunderts ist man sich wohl darüber klar geworden, was alles zur Lebensbedingung für die Pflanze erforderlich ist, und was man darum als „Wachstumsfaktor" zu bezeichnen hat; und erst vor 40 Jahren ist es uns gelungen, beim Wachstum der Pflanze den einzelnen Wachstumsfaktor derart zu isolieren, daß man seine Einwirkung auf die Höhe des Ertrages quantitativ zu fassen vermochte, nachdem man sich schon lange zuvor die verschiedensten Vorstellungen darüber gemacht hatte[1].

So schreibt u. a. Carl Sprengel in seiner Bodenkunde 1837:

„Der Boden kann in allen übrigen Beziehungen so günstig wie nur möglich für den Pflanzenertrag sein, er ist dennoch unfruchtbar, weil es ihm nur an einem einzigen Nährstoffe fehlt, der zu den Nahrungsmitteln der Pflanze gehört. Zuweilen wird der Boden aber auch deshalb wohl keine Pflanzen tragen, weil er einen leicht in Wasser löslichen Nährstoff in zu großer Menge besitzt, oder weil er Körper enthält, die als wahre Gifte auf das Pflanzenwachstum wirken."

Und 1839 in seiner „Lehre vom Dünger":

„Unleugbar würde man die Pflanzenkultur mit einem viel größeren Erfolg betreiben, wenn man dabei von dem Grundsatze ausginge, die Pflanzen müßten alle und jede Mineralien, die wir in ihnen finden, auch in hinreichender Menge im Boden auffinden."

Hiermit wurde zunächst die Bedeutung des einzelnen Pflanzennährstoffs klar gekennzeichnet, wenn auch J. v. LIEBIG[2] in seinem „Gesetz des Minimums" uns erst die ersten Vorstellungen über die Wirkung der einzelnen Pflanzennährstoffe gibt, indem er 1855 schreibt:

„Die Fruchtbarkeit eines Feldes steht im Verhältnis zu den im Boden in geringster Menge enthaltenen notwendigen Bestandteilen", die Wirkung der pflanzlichen Nahrungsstoffe auf den Ertrag stehe „in gewissen Grenzen im geraden Verhältnis zu ihrer Masse". „Die Höhe des Ertrages eines Feldes steht im Verhältnis zu demjenigen zur völligen Entwicklung der Pflanze unentbehrlichen Nährstoffe, welcher im Boden (in geeigneter Form und Beschaffenheit) in kleinster Menge (im Minimo) vorhanden ist."

Die Vorstellung, daß für die Höhe des Pflanzenertrages ausschließlich der Minimumfaktor LIEBIGS in Betracht kommt, und daß mit der Steigerung dieses Faktors der Ertrag so lange proportional ansteigen muß, wie sich der betreffende Nährstoff im Minimum befindet, beherrscht nun viele Jahrzehnte lang unsere ganze landwirtschaftliche Literatur. So schreibt einer der Hauptvertreter der Lehren von der künstlichen Düngung um die Jahrhundertwende, PAUL WAGNER[3]:

„Solange durch eine Vermehrung der Phosphorsäuredüngung noch eine Steigerung des Ertrages überhaupt bewirkt wird, steigen die Mehrerträge in stets gleichbleibendem Verhältnis zur vermehrten Phosphorsäuredüngung." „Wenn die Düngung von 100 kg Phosphorsäure pro Hektar 40,67 dz/ha Mehrertrag ergeben hätte, so hätte die Düngung von 150 kg/ha — falls sie zur vollen Wirkung kam — um die Hälfte mehr, also 61 dz/ha Mehrertrag erbringen müssen." Und ferner:

„15,5 kg Salpeterstickstoff erzeugten bei voller Wirkung rund 4 dz Getreidekörner, 50 dz Futterrüben, 25 dz Zuckerrüben."

Inzwischen hatte man auch erkannt, daß nicht nur, wie das v. LIEBIG[4] seinerzeit ausführte, „Kalk, Kali, Stickstoff, Phosphorsäure, Bittererde oder ein anderer Nährstoff" zu den für unsere Pflanzen unbedingt erforderlichen Wachstumsfaktoren gehören, sondern auch nach ADOLF MAYER[5] alle weiteren für das pflanzliche Wachstum notwendigen Außenbedingungen, so die der Atmosphäre: Licht, Wärme und Wasser. Dieser gab darum dem Gesetze die folgende Fassung:

„Die Ernte ist abhängig von den im Minimum vorhandenen Produktionsbedingungen, sie ist denselben proportional."

Einen wesentlichen Fortschritt bedeutete es wohl, daß E. WOLLNY[6] den Minimumfaktor über die Minimumgrenze hinaus steigerte und dann, nach dem Anstieg der Erträge bis zu einem Optimum, bei noch viel höheren Gaben des Wachstumsfaktors wiederum ein Absinken der Erträge beobachtete. Er formulierte darum das Gesetz wie folgt: „daß mit der Nährstoffzufuhr eine zuerst progressive, dann allmählich abnehmende Steigerung des Produktionsvermögens der Pflanzen verknüpft ist bis zu einer gewissen Grenze, über welche hinaus bei weiterer Erhöhung des Nährstoffvorrates die Erträge eine entsprechende Einbuße erfahren."

Es wurde so von WOLLNY bereits eine Schädigung der Erträge bei übermäßig hohen Gaben eines Wachstumsfaktors erkannt.

Erst 1895 war es aber E. LIEBSCHER[7], Göttingen, vorbehalten, die Aufmerksamkeit von dem Minimumfaktor mehr abzulenken und auch den anderen Wachstumsfaktoren gerecht zu werden. Er schreibt: „Die Pflanze kann den im Minimum vorhandenen Produktionsfaktor zu um so größerer Produktion benutzen, je mehr die anderen Produktionsfaktoren sich für sie im Optimum befinden", und „es ist die Gunst oder Ungunst auch der anderen Produktionsfaktoren von ebenso großer Bedeutung auf das Pflanzenwachstum und auf sein Endresultat, die Erntehöhe."

Doch auch diese richtige Erkenntnis war in unserem Schrifttum, wie bei unseren weiteren wissenschaftlichen Arbeiten bereits ganz in Vergessenheit geraten, als E. A. MITSCHERLICH 1910 begann, die Grundlagen des Wirkungsgesetzes durch seine exakten Forschungen sicherzustellen.

Daß übrigens der Ertrag nicht proportional mit dem zugeführten Minimumfaktor ansteigt, hatte bereits längst vor v. LIEBIG der französische Nationalökonom A. R. J. TURGOT[1] (1727—1781) richtig erkannt, indem er sagte:

„Auf der gleichen Bodenfläche ist unter sonst gleichen Umständen ein höherer Rohertrag nur zu gewinnen unter verhältnismäßig noch mehr steigendem Arbeits- und Kapitalsaufwande.“

Diese an und für sich sehr richtige Tatsache wurde leider fälschlich von den Nationalökonomen als „Gesetz des abnehmenden Bodenertrages“ bezeichnet, während es das „Gesetz der abnehmenden Ertrags*steigerung*“[8] ist, wie wir nachdem sehen werden. Die falsche Bezeichnung hat oftmals irregeführt.

Quantitativ fand wohl zuerst unser Gesetz der Pflanzenzüchter MENDEL, in dessen Vererbungsgesetz wir es — wenn auch noch nicht in klarer mathematischer Form — wiedererkennen können; wir werden gleich hierauf zurückzukommen haben.

Der Pflanzenertrag wird also in seiner Höhe von einer ganzen Reihe der verschiedensten Wachstumsfaktoren beeinflußt, zu denen wir zunächst außer den von außen an den Pflanzenkörper in Atmosphäre und im Boden herantretenden auch die inneren Eigenschaften der Pflanze selbst zu rechnen haben, welche die Gattung, die Art, die Züchtung und das einzelne Individuum bedingen. Wir bezeichnen diese als die „inneren Wachstumsfaktoren der Pflanze“. Sie begrenzen die Ertragshöhe ganz vornehmlich, denn aus der Getreidepflanze kann ja nie ein Baum werden, und Bäume können nie unbegrenzt in den Himmel wachsen! — Trotzdem ist es uns möglich, auch diese inneren Wachstumsfaktoren der Pflanze günstig zu beeinflussen und damit die Pflanzenerträge zu heben, und zwar auf dem Wege der Pflanzenzüchtung. Wird die Pflanzenzüchtung auf ertragsreichere Individuen, auf dominierende Eigenschaften, z. B. von Jahr zu Jahr in ganz der gleichen Weise vorgenommen, so erreicht man bei einer Kreuzung verschiedener Individuen auf Grund der Forschungen von GREGOR MENDEL nach dem folgenden Schema sein Ziel:

Von den Nachkommen der F_1-Generation werden z. B. 25% dominierende und 25% rezessive Eigenschaften aufweisen, während 50% weitere Bastarde sein werden. Von der F_2-Generation werden sich die Individuen mit dominierenden und die mit rezessiven Eigenschaften in gleicher Weise weiter vererben, die Bastarde dagegen in gleicher Weise wieder aufspalten, so daß von diesen weitere 25% dominierende und 25% rezessive Eigenschaften besitzen, während die restlichen 50%

davon weiterhin Bastarde ergeben, die sich nun im nächsten Züchtungsjahr in gleicher Weise weiter aufspalten, usw.

Betrachtet man so nur den Prozentsatz sämtlicher Individuen, welcher sich alle Jahre dominierend vererbt, so folgt daraus für die

F_2-Generation=25% = 25 %
F_3-Generation=25%+12,5%= 37,5 %
F_4-Generation=25%+12,5%+6,25%= 43,75 %
F_5-Generation=25%+12,5%+6,25%+3,125%= 46,875%

usw., womit sich die Aufspaltung in Individuen mit dominierenden und in solche mit rezessiven Eigenschaften allmählich vollständig vollzieht und in unserem Beispiele die Hälfte aller Individuen dann dominierende Eigenschaften haben werden. — Die Aufspaltung kann natürlich im Einzelfalle eine ganz andere sein, und so kann auch beim Abschlusse der Züchtung eine ganz andere Prozentzahl aller Individuen dominierende Eigenschaften besitzen; doch muß bei ganz gleicher Art der Auslese nach diesem MENDELschen Gesetze die Aufspaltung, wie sie sich nach der F_1-Generation einstellt, auch bei den Bastarden jeder späteren Generation in ganz der gleichen Weise erfolgen, wodurch die Zunahme der Prozente an Individuen, die dominierende Eigenschaften besitzen, stets in gleicher Weise erfolgen muß, wie wir sie nachdem beim Wirkungsgesetze kennenlernen werden.

Die äußeren Wachstumsfaktoren der Pflanzen teilen wir einmal ein in chemische, das sind solche, welche aus der nächsten Umgebung in den Pflanzenkörper übergehen und damit Teile desselben werden, und in physikalische, das sind solche, welche den Übergang der chemischen Wachstumsfaktoren in den Pflanzenkörper ermöglichen. Wir teilen sie ferner ein, je nachdem, ob sie den ober- oder den unterirdischen Teil der Pflanze beeinflussen, in klimatische und in bodenkundliche Wachstumsfaktoren.

Zu den chemischen Wachstumsfaktoren gehören so u. a. der Sauerstoff und die Kohlensäure der Luft; es gehören hierzu alle sogenannten Pflanzennährstoffe, die Reiz- und die Stimulationsstoffe, die man auch als „Spurenelemente“ bezeichnet, und die der Boden den Pflanzen darbietet.

Wenn nun die Höhe des Pflanzenertrages von allen diesen verschiedenen Wachstumsfaktoren abhängt, deren Zahl und Einwirkung wir von vornherein gar nicht kennen, so haben wir es hier offenbar, wie bei einem reinen physikalischen Experimente, mit einer Größe zu tun, die von vielen Variablen gleichzeitig bedingt wird. Den Einfluß, den nun jede einzelne dieser Variablen auf die Höhe des Ertrages ausübt, kann man danach nur dann feststellen, wenn man bei einem derartigen Versuche alle anderen Variablen konstant hält und nur eine einzige von ihnen variiert. Würde man auch nur zwei von ihnen gleichzeitig verändern und dabei eine Ertragssteigerung erhalten, so würde man in dem Augenblicke nicht mehr feststellen können, einen wie großen Einfluß die eine und einen wie großen die andere der Variablen auf den Ertrag ausgeübt hat, ja ob durch die Veränderung einer von ihnen überhaupt ein Einfluß auf die Höhe des Ertrages ausgeübt wurde.

Wenn wir nun beim Wirkungsgesetz von einer Konstanthaltung aller anderen Wachstumsfaktoren bis auf den einen sprechen, so bedeutet das aber nun keineswegs, daß wir etwa die ganze Vegetationszeit hindurch z. B. bei gleichbleibender Temperatur und gleichbleibender Luftfeuchtigkeit arbeiten müßten, was nur dann strenggenommen erforderlich wäre, wenn wir die Zeit als Wachstumsfaktor nehmen, also bei der Erforschung des „Pflanzenwachstumsgesetzes"! — Hier beim Wirkungsgesetze genügt es, wenn wir nur alle Pflanzen, bei denen wir den einen Wachstumsfaktor anders gestalteten, unter sonst ganz gleichen Vegetationsbedingungen halten! Wir haben also zunächst in jedem Falle möglichst gleichartige Individuen zu diesen Versuchen heranzuziehen, Nachkommen einer Hochzucht, und, wenn möglich, dabei noch von einer Einzelpflanze; wir haben dabei allen Pflanzen sonst die gleichen Boden- und Nährstoffmengen zur Verfügung zu stellen, und ebenso genau die gleichen klimatischen Bedingungen! Die Pflanzen müssen darum zur gleichen Zeit ausgesät werden, müssen während der Vegetationszeit alle den gleichen Licht- und Wärmemengen ausgesetzt werden und auch die gleichen Wassermengen zur Verfügung haben; endlich müssen sie dann darum auch zur gleichen Zeit geerntet werden. Jede Abweichung von dieser Voraussetzung muß naturgemäß unbedingt zu Versuchsfehlern führen, und das erklärt wohl zur Genüge, daß man erst spät an derartige subtile Versuche heranging und dazu die Methoden, um diese Gesetzmäßigkeiten zu finden, dementsprechend verfeinern mußte. Auf die Schwierigkeiten, die hierbei zu überwinden waren, so auf die Konstanthaltung des Wassergehaltes beim Vegetationsversuch und auf die Art, wie man beim Feldversuche die ungleichartige Beschaffenheit des Bodens ausschaltet, kann hier nicht näher eingegangen werden. — Das Ergebnis war das folgende:

Wenn bei diesem Experiment ein einziger Wachstumsfaktor allmählich gesteigert wird, während alle anderen Wachstumsfaktoren ganz gleich gestaltet werden, so fand der Verfasser, daß der Pflanzenertrag mit der Steigerung dieses Wachstumsfaktors proportional dem an einem Höchstertrag fehlenden Ertrage anstieg, ein Gesetz, welches er zuerst als „Gesetz der physiologischen Beziehungen“[9], *später* nach B. BAULE[10] als „Wirkungsgesetz“ bezeichnete.

Sind $x =$ die Mengen des betreffenden Wachstumsfaktors, ist $y =$ die Höhe des Pflanzenertrages und $A =$ der betreffende Höchstertrag, dann ist also:

$$\frac{dy}{dx} = c_1 \cdot (A - y) \tag{1}$$

worin c_1 der Proportionalitätsfaktor ist.

Integriert man diese Gleichung, so folgt:

$$\ln (A - y) = C - c_1 \cdot x \tag{2}$$

Da nun ein Ertrag nie zustande kommen kann, wenn der betreffende Wachstumsfaktor nicht vorhanden ist, so folgt also, da für $x = 0$ auch $y = 0$ sein muß, durch Einsetzen dieser Werte in Gleichung (2) für die Integrationskonstante $C = \ln A$ und somit die Gleichung (3):

$$\ln (A - y) = \ln A - c_1 \cdot x \tag{3}$$

Gehen wir nun der Einfachheit halber zu den BRIGGschen Logarithmen über, so ändert sich, wie man leicht ersehen kann, dadurch nur der Wert von c_1, der nun gleich „c“ werden soll. Wir erhalten dann:

$$\log (\mathrm{A} - y) = \log A - c \cdot x \tag{4}$$

Diese von MITSCHERLICH gefundene und aufgestellte Gleichung hat dann B. BAULE[10] entlogarithmiert:

$$\frac{A - y}{A} = 10^{-c \cdot x}, \text{ oder } y = A \cdot (1 - 10^{-x \cdot c}) \tag{5}$$

Da nun, so folgerte BAULE weiter, der Höchstertrag A von allen anderen Wachstumsfaktoren in ganz der gleichen Weise abhängig sein muß, so folgt für den zweiten Wachstumsfaktor

$$A = A_1 \cdot (1 - 10^{-c_1 \cdot x_1}) \tag{6}$$

und bei Einsetzen dieses Wertes für A in Gleichung (5):

$$y = A_1 \cdot (1 - 10^{-c \cdot x}) \cdot (1 - 10^{-c_1 \cdot x_1}) \tag{7}$$

mit dem dritten Wachstumsfaktor muß nun wieder A_1 in gleicher Weise ansteigen, also:

$$A_1 = A_2 \cdot (1 - 10^{-c_2 \cdot x_2}) \tag{8}$$

einen Wert, den wir nun wiederum in Gleichung (7) einsetzen, wobei

$$y = A_2 \cdot (1 - 10^{-c \cdot x}) \cdot (1 - 10^{-c_1 \cdot x_1}) \cdot (10^{-c_2 \cdot x_2}) \tag{9}$$

folgt, und in der gleichen Weise können wir danach auch den Ertrag als Produkt sämtlicher n Wachstumsfaktoren in einer Gleichung zum Ausdruck bringen. Diese lautet sodann:

$$y = A_n \cdot (1 - 10^{-c \cdot x}) \cdot (1 - 10^{-c_1 \cdot x_1}) \cdot (1 - 10^{-c_2 \cdot x_2}) \cdot (\ldots) \times (\ldots) \cdot (1 - 10^{-c_n \cdot x_n}) \tag{10}$$

Wir wollen jetzt einmal die Ertragssteigerung verfolgen, die mit der Steigerung des einzelnen Wachstumsfaktors nach dem Gesetze eintreten muß, und die damit proportional dem an einem Höchstertrage fehlenden Ertrage verläuft. Wir wählen hierzu den einfachsten Fall der „Proportionalität", den der „Gleichheit". Die Ertragssteigerung soll also im folgenden Beispiele gleich sein dem am Höchstertrage fehlenden Ertrage, so daß wir bei $x=1$ gerade 50% des Höchstertrages erzielen, während 50% noch an diesem fehlen. Um gleich in den Prozentzahlen zu verbleiben, nehmen wir 100 als Höchstertrag; dann folgt für unsere Gleichung nach Gleichung (4):

$$\log (100 - 50) = \log 100 - c \cdot 1$$

daraus folgt für den Proportionalitätsfaktor $c = \log \frac{100}{50} = \log 2$ und somit die Gleichung:

$$\log (100 - y) = 2{,}0000 - 0{,}301 \cdot x$$

Gibt man nun die doppelten Mengen von x, also $x = 2$, so wird $y = 75$; es steigt also der Ertrag um 25%, während gleichfalls 25% jetzt am Höchstertrage 100 fehlen. Gibt man eine dritte Menge x dazu, so steigt der Ertrag bei $x = 3$ auf $y = 87{,}5\%$ also um 12,5%, während genau ebensoviel jetzt wieder an dem Höchstertrage 100 fehlen; usw.

— (vgl. hierzu, was zuvor vom MENDELschen Vererbungsgesetze gesagt wurde, wo beim dortigen Beispiele die Höchstanzahl von Individuen mit dominierenden Eigenschaften schließlich 50% betrug).

Der Anstieg der Erträge y mit der Steigerung eines Wachstumsfaktors x ist aus der nebenstehenden Abb. 1 ersichtlich. — Nun wissen wir aber aus unserem Gesetze, daß der Höchstertrag selbst von allen anderen Faktoren bedingt wird, die wir bei unserem Versuche konstant gesetzt hatten. Ist nun z. B. ein zweiter, der Faktor z, dabei nur in einfacher Menge vorhanden gewesen — er mag hier der Einfachheit halber auch den gleichen Wirkungswert wie der Faktor x, nämlich $c = 0{,}301$ haben, so wird jetzt dieser Höchstertrag von A = 100, wenn man eine zweite Gabe von z verabfolgt, von 100 auf 150 steigen, bei der Gabe $z = 3$ auf 175, bei der Gabe $z = 4$ auf 187,5, ... und bei ausreichend großen Mengen von z, also bei $z = \infty$, wird er endlich gleich 200 werden müssen. In der Abb. 1 habe ich die Kurven für $z = 1$ punktiert, die für $z = 2$ gestrichelt und darüber die für $z = \infty$ ausgezogen aufgezeichnet.

Da nun durch die Zuführung unseres ersten Wachstumsfaktors x die Pflanzenerträge immer in Prozenten des Höchstertrages gesteigert werden, so sieht man aus der Abbildung leicht, welchen Einfluß auf diese Steigerung nun auch der zweite Wachstumsfaktor z ausüben muß.

Bei $x = 1$ und $z = 1$ erhält man nach der Abbildung $y = 50$; bei $x = 2$ und $z = 1$ ist $y = 75$; bei $x = 1$ und $z = 2$ erhält man ebenfalls für $y = 75$, weil wir die Wirkungswerte c in unserem Beispiele für beide Wachstumsfaktoren $c = 0{,}301$ annahmen.

Der Ertrag steigt also nach dem Wirkungsgesetze nicht nur durch die Steigerung des einen Wachstumsfaktors, des Minimumfaktors von J. v. LIEBIG, sondern, wie das bereits LIEBSCHER richtig erkannt hatte, gleichfalls durch die Bessergestaltung irgendeines anderen Wachstumsfaktors bzw. auch durch die Bessergestaltung einer ganzen Reihe der anderen Wachstumsfaktoren, von denen ja der Pflanzenertrag in ganz der gleichen Weise bedingt wird!

Die Ertragssteigerung geht dabei, wie wir sahen, von $y = 0$ bis zu einem endlichen Höchstertrage $y = A$, und nun nicht proportional, wie das früher stets angenommen wurde, um dann aufzuhören, wenn der betreffende Wachstumsfaktor nicht mehr im Minimum ist. Einen derartigen Knick in einer Geraden kennt die Natur nicht; bei ihr findet überall ein ständiger Übergang statt; und diesen erkennen wir jetzt in dem logarithmischen Verlaufe der Ertragskurve.

Die Schnelligkeit, mit welcher nun bei dem einzelnen Wachstumsfaktor der Ertrag von Null bis A ansteigt, hängt ganz von der Größe des Proportionalitätsfaktors „c“ ab, den wir darum als „Wirkungs-

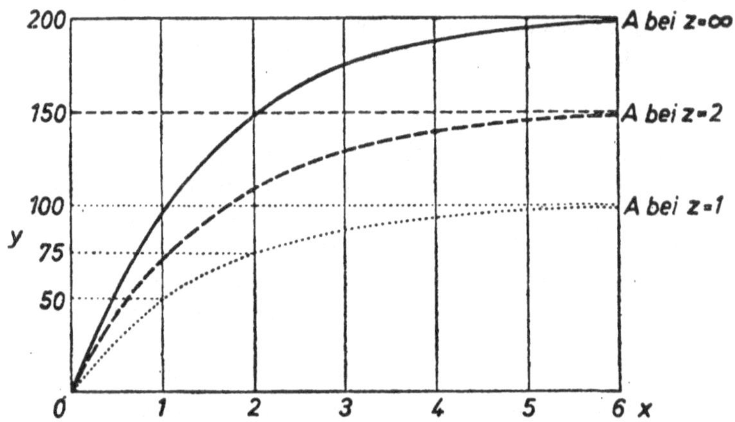

Abb. 1. Ertragssteigerungen nach dem Wirkungsgesetz bei Steigerung zweier Wachstumsfaktoren

Steigerung der Erträge mit steigenden Gaben von x

I bei $z = 1$, II bei $z = 2$, III bei $z = \infty$

faktor“ bezeichnen. Ist dieser groß, so wird man mit geringen Mengen von x bereits einen bestimmten Ertrag erzielen; je kleiner er aber ist, um so größere Mengen von x sind dann dazu erforderlich, da das Produkt $c \cdot x$ zur Erzielung eines gleichhohen Ertrages y gleich sein muß (vgl. Abb. 2).

Wie nun aber B. Baule[10] und besonders Kurt Reidemeister[11] mathematisch nachweisen konnten, kann die Gleichung (10) *nur dann* zutreffen, wenn der einzelne, hier gesteigerte Wachstumsfaktor völlig unabhängig von allen anderen Wachstumsfaktoren zur Wirkung gelangt; es müßte also der Wirkungsfaktor des betreffenden Wachstumsfaktors stets konstant sein, und zwar unabhängig davon, wie sich bei diesem Versuche alle anderen Wachstumsfaktoren gestalten, so unabhängig von der Art und der Gattung der Pflanze, unabhängig von den sonstigen klimatischen und bodenkundlichen Verhältnissen, so von der jeweiligen Jahreswitterung, von der Bodenart, dem jeweiligen Nährstoff- und Wassergehalte des Bodens usw. usf.

Eine Konstanz des Wirkungsfaktors kann nun aber zunächst bei allen physikalischen Wachstumsfaktoren unmöglich zutreffen, da diese ja, wie wir sahen, die Aufnahme der chemischen Wachstums-

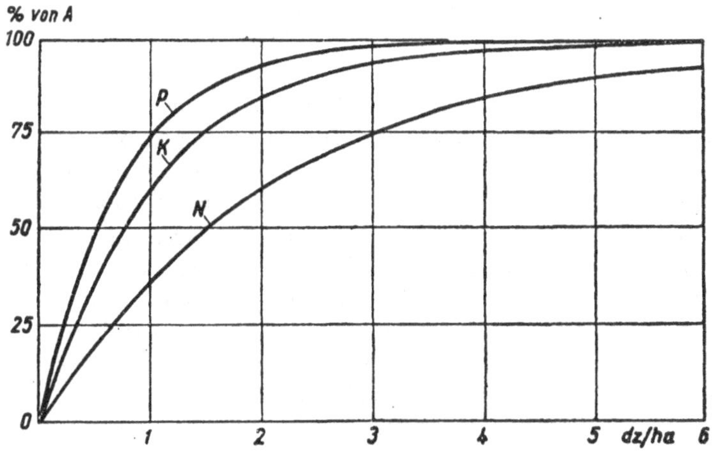

Abb. 2. Ertragssteigerungen durch Pflanzennährstoffe, y Erträge in x dz/ha
I P_2O, II K_2O, III N

faktoren vermitteln! Wir finden zwar bei Steigerung eines physikalischen Wachstumsfaktors gleichfalls einen logarithmischen Anstieg des Ertrages, aber die Höhe des Wirkungsfaktors wird durch die chemischen Wachstumsfaktoren beeinflußt, und umgekehrt! So steigt z. B. der Wirkungswert des Wassers im Boden mit den bereits in diesem Wasser gelösten Nährstoffen, und es steigt z. B. der Wirkungswert der Kohlensäure mit der den Pflanzen bei diesen Versuchen zur Verfügung stehenden Lichtenergie. Dabei wird bei normalem Kohlensäuregehalt der Atmosphäre der Wirkungsfaktor des Lichtes bei allen Pflanzen gleichhoch sein, wie wir das durch unzählige Versuche nachweisen konnten.

Noch in einem weiteren Falle kann aber danach das Wirkungsgesetz in der bislang gegebenen Form nicht zutreffen. Steigert man z. B. die Wärme durch Erhöhung der Temperatur, so wird zwar zunächst auch der Pflanzenertrag dabei mit einem ganz bestimmten Wirkungswerte bei allen Pflanzen steigen; geht man aber hier mit der Temperatursteigerung weiter, so wird dadurch der Wachstumsfaktor Wasser nachteilig beeinflußt; es fehlt den Pflanzen an diesem, sie welken, vertrocknen und wenn wir's ins Extrem treiben — verbrennen. Es findet also eine Ertragsdepression statt.

Das gleiche beobachten wir bei der Zuführung eines Nährstoffes. Auch hier finden wir zunächst eine Ertragssteigerung bei allen Pflanzen in gleicher Weise mit dem gleichen Wirkungsfaktor; geben wir aber größere Mengen des betreffenden Nährstoffes, dann wird unsere Bodenlösung zu konzentriert, die Pflanzen kranken durch plasmolytische Erscheinungen, können schließlich kein Wasser mehr aufnehmen und gehen zugrunde, weil der Wachstumsfaktor Wasser nicht mehr in gleicher Weise wie vordem zur Wirkung gelangen kann.

Derartige Depressionserscheinungen können naturgemäß auch nicht plötzlich in Erscheinung treten, sondern sie sind von vornherein durch den betreffenden Wachstumsfaktor mit gegeben. Dabei werden sie zunächst gar nicht beobachtet werden können, sondern erst dann immer deutlicher zu erkennen sein, wenn bereits größere Mengen von dem betreffenden Wachstumsfaktor vorliegen.

Um diesen Ertragsdepressionen, die uns ja landwirtschaftlich, wo wir unsere Erträge zu steigern versuchen, zunächst anscheinend gar nicht interessieren, gerecht zu werden, habe ich unserer Gleichung (5) des Wirkungsgesetzes noch einen Schädigungsfaktor angefügt, so daß die Gleichung dann die folgende Form annimmt[12]:

$$y = A \cdot (1 - 10^{-c \cdot x})\, 10^{-k \cdot x^2} \qquad (11)$$

worin k = die Schädigungskonstante ist. Mit Hilfe dieser Gleichung haben wir bei allen unseren diesbezüglichen Beobachtungen einen sehr guten Anschluß an die gefundenen Erträge erhalten[13] (vgl. Abb. 3). Derartige Beobachtungen finden wir so beim Getreide mit den höchsten Stickstoffgaben, da hier der berechnete Ertrag nicht mehr ganz erreicht wird! Der Grund hierfür mag das Eintreten von „Lagergetreide" sein! (cf. S. 21).

Endlich kann der Fall eintreten, daß zunächst eine bestimmte Menge „b" des zugeführten Wachstumsfaktors noch unwirksam ist, also überhaupt noch keine Ertragsbildung ermöglicht. Das ist z. B. der Fall, wenn eine gegebene Düngung, z. B. Phosphorsäure, vom Boden zunächst festgelegt wird, so daß die Pflanzen sie erst dann aufnehmen können, wenn der Boden damit abgesättigt ist[13]. Die Erscheinung tritt ferner auf bei Steigerung der energetischen Faktoren Wärme und Licht. Erst wenn so der Boden eine mittlere Tagestemperatur von $+5°$ C hat[14], beginnt eine Ertragssteigerung nach unserem Gesetz; und erst wenn, je nach der durchschnittlichen Lichtintensität, diese

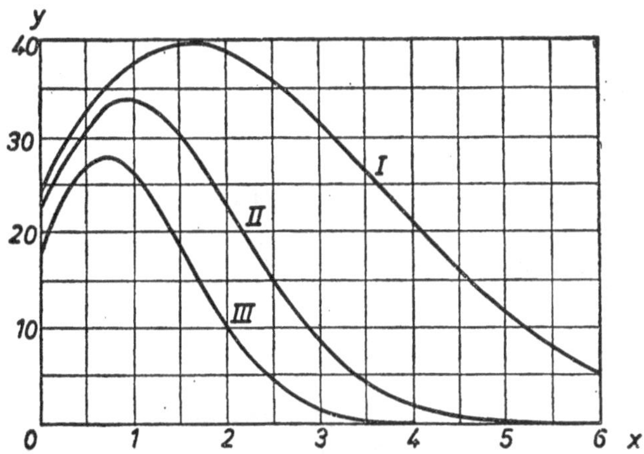

Abb. 3. Ertrags-Depressionen infolge Stickstoffdüngung I bei Weizen, II bei Hafer, III bei Roggen Erträge y und N-Düngung x in dz/ha

bei geringer Lichtdarbietung 10%, bei größerer 50% der gegebenen maximalen Lichtmengen überschreitet[15], nimmt auch hier die normale Ertragssteigerung nach unserem Gesetz mit dem gleich hohen Wirkungsfaktor ihren Anfang.

Häufig erhalten wir aber auch Erträge, bevor wir damit beginnen, Mengen eines Wachstumsfaktors in gesteigerten Gaben zuzuführen. Das ist dann darauf zurückzuführen, daß bereits zuvor Mengen von dem betreffenden Wachstumsfaktor vorhanden gewesen sein müssen. Diese Beobachtungen machen wir vornehmlich bei unseren Düngungsversuchen. Um die Mengen eines bestimmten Nährstoffes, die hier bereits vor der Düngung im Boden vorlagen, zu bestimmen, kehren wir nun nochmals zu unserer Gleichung (2) zurück, wobei wir einfachheitshalber gleich zu den BRIGGschen Logarithmen übergehen:

$$\log (A - y) = C - c \cdot x \tag{2}$$

Es ist in diesem Falle bereits ohne Nährstoffzufuhr, also bei $x = 0$, ein Ertrag $y = a$ vorhanden. Daraus folgt, daß dann in Gleichung (2) die Integrationskonstante $C = \log(A - a)$ ist, und wir somit durch Einsetzen dieses Wertes für C in Gleichung (2) zur folgenden Gleichung gelangen:

$$\log(A - y) = \log(A - a) - c \cdot x \tag{12}$$

Der Ertrag a wird also bedingt durch die Mengen des betreffenden Nährstoffes b, die bereits vor der Düngung im Boden waren; es ist somit entsprechend Gleichung (4)

$$\log(A - y) = \log A - c \cdot x \tag{4}$$

$$\log(A - a) = \log A - c \cdot b \tag{13}$$

Setzt man nun diesen Wert für $\log(A - a)$ in die Gleichung (12) ein, so erhält man

$$\log(A - y) = \log A - c \cdot (x + b) \tag{14}$$

und damit also die bereits im Boden vorhandene Nährstoffmenge „b“. Wir werden später eingehend gerade auf diese Gleichung zurückzukommen haben, wenn wir auf die praktischen Nutzanwendungen des Gesetzes eingehen.

Trotz der angeführten Ausnahmen hat sich überall die Konstanz des Wirkungsfaktors des einzelnen Wachstumsfaktors als zutreffend erwiesen; doch muß hier noch auf eine besondere Ausnahme hingewiesen werden, die zunächst im direkten Widerspruche zu dem Gesetze zu stehen schien und sein Bestehen anfangs zweifelhaft erscheinen ließ:

August Rippel[16] stellte zuerst bei Sandkulturversuchen fest, daß der Wirkungsfaktor des Kalis ein sehr viel höherer war, wenn er den Pflanzen nur geringe Stickstoffmengen (0,2 g gegen 2,0 g/Gefäß) zur Verfügung stellte; zwar stiegen die Erträge in diesem Falle nur von 8,4 g auf 10,9 g statt auf 62,7 g/Gefäß, doch ging diese Ertragssteigerung bis zu 10,9 g sehr viel schneller mit der Kalizufuhr vor sich. Diese Ergebnisse fanden durch unsere eigenen Versuche[17] durchaus ihre Bestätigung. Heute erkläre ich mir die Ursache für diese Tatsache, die sehr stark gegen die Gültigkeit des Gesetzes ausgebeutet wurde, dadurch, daß die Erträge, die von 8,4 nur bis auf 10,9 g ansteigen, sehr stark von dem Kaligehalte des Saatkornes beeinflußt werden müssen, und daß im Saatkorn ja die verschiedenen Wachstumsfaktoren „vereint“ sind, also nicht unabhängig voneinander wirken können, wie das unser Gesetz verlangt.

Werden die Höchsterträge höher, dann kann natürlich der Nährstoffgehalt des Saatkornes als Größe zweiter Ordnung vernachlässigt werden. Er wird dann dementsprechend auch keinen wesentlichen Einfluß auf die Höhe des Wirkungsfaktors ausüben können. Die Höhe des Wirkungsfaktors ist also zunächst nicht konstant. Versuche haben erwiesen, daß er um so höher wird, je mehr einer der anderen Wachstumsfaktoren fehlt, und je niedriger darum der Höchstertrag A wird. Je höher dieser dagegen wird, um so kleiner wird der Wirkungsfaktor, um dann bei möglichst guten Vegetationsbedingungen endlich in dieser Höhe *konstant* zu bleiben.

So war bei Bodenversuchen, die wir zu vielen Tausenden in Gefäßen unter optimalen Vegetationsbedingungen (!) durchgeführt haben, der Wirkungsfaktor des Kalis fast stets konstant ($c = 1{,}33$), gerade wie wir auch für die Phosphorsäure dabei fast stets einen konstanten Wirkungsfaktor ($c = 2{,}0$) fanden. Wäre das beim Boden nicht der Fall, sondern auch hier der Wirkungsfaktor nicht konstant gewesen, dann hätte man unmöglich auf Grund des Wirkungsgesetzes den Nährstoffgehalt eines Bodens feststellen können! So haben wir das getan und alle Jahre in Ostpreußen in 23000 Kulturgefäßen von der Mitscherlich-Gesellschaft e. V. aus „Die Bestimmung des Düngerbedürfnisses des Bodens“[18] durchgeführt, sehr zum Nutzen unserer praktischen Landwirte!

Daß wir so in Ostpreußen die vielen Jahre hindurch auch richtig gearbeitet haben, zeigt jetzt die Verarbeitung der über 28000 Felddüngungsversuche, welche von den Außenstellen unserer großen Düngemittelkonzerne durchgeführt worden waren und nun den sichersten Beweis dafür liefern, daß die Wirkungsfaktoren unserer drei Nährstoffe: Phosphorsäure, Kali unf Stickstoff, jeder für sich, konstant sind. Wir haben später hierauf zurückzukommen.

Die bei den verschiedenen Nährstoffen verschieden schnell ansteigenden Ertragskurven lassen sich natürlich auf den gleichen Kurvenverlauf, z. B. auf den, bei welchem die Ertragssteigerung mit der Steigerung des Wachstumsfaktors gleich dem an einem Höchstertrage fehlenden Ertrage ist, reduzieren. Man muß dann nur, wie das B. BAULE getan hat, für x die jeweiligen, dazu erforderlichen Mengen einsetzen, die BAULE als „Nährstoffeinheit h“ bezeichnete. Diese

Mengen „h“ erhält man, wenn man den Wirkungsfaktor der Gleichheitskurve $c = 0{,}301$ (vgl. S. 10) durch den Wirkungswert des betreffenden Nährstoffes dividiert. Da nun die Wirkungsfaktoren „c“ für dz/ha bei den verschiedenen Nährstoffen unter günstigen Wachstumsbedingungen die folgenden sind:

bei Phosphorsäure $c = 0{,}6$
bei Kali $c = 0{,}4$
bei Stickstoff $c = 0{,}2$, so ist

für Phosphorsäure: $0{,}301 : 0{,}6 = h$; oder $h = 0{,}5$ dz/ha
für Kali: $0{,}301 : 0{,}4 = h$; oder $h = 0{,}75$ dz/ha
für Stickstoff: $0{,}301 : 0{,}2 = h$; oder $h = 1{,}5$ dz/ha

Zweckmäßiger ist es wohl, da steigende „h“-Werte den ganzen Kurvenverlauf zerschneiden, bei diesen selbst und so bei den Wirkungsfaktoren zu verbleiben (s. Abb. 2); wir berechnen darum zunächst für unsere drei Nährstoffe die verschiedenen „Ertragstafeln“, indem wir diesen Rechnungen die Gleichung

$$\log (100 = y) = \log 100 - c \cdot x$$

zugrunde legen und somit die Erträge von y in Prozenten des betreffenden Höchstertrages für die verschiedenen Nährstoffmengen x dz/ha ermitteln.

Ertragstafel für Stickstoff

Erträge y in Prozenten des Höchstertrages bei dem vorstehenden Gehalte des Bodens von x dz/ha Stickstoff (N)

x	y	x	y	x	y	x	y
0,1	4,5	1,6	52,1	3,2	77,1	6,2	94,2
0,2	8,8	1,7	54,3	3,4	79,1	6,4	94,8
0,3	12,9	1,8	56,3	3,6	80,9	6,6	95,2
0,4	16,8	1,9	58,3	3,8	82,6	6,8	95,6
0,5	20,6	2,0	60,2	4,0	84,1	7,0	96,0
0,6	24,1	2,1	62,0	4,2	85,5	7,5	96,8
0,7	27,6	2,2	63,7	4,4	86,8	8,0	97,5
0,8	30,8	2,3	65,3	4,6	88,0	8,5	98,0
0,9	33,9	2,4	66,9	4,8	89,0	9,0	98,4
1,0	36,9	2,5	68,4	5,0	90,0	9,5	98,7
1,1	39,7	2,6	69,8	5,2	90,9	10,0	99,0
1,2	42,5	2,7	71,2	5,4	91,7	12,0	99,6
1,3	45,0	2,8	72,5	5,6	92,4	14,0	99,8
1,4	47,5	2,9	73,7	5,8	93,1	15,0	99,9
1,5	49,9	3,0	74,9	6,0	93,7	20,0	100,0

In gleicher Weise läßt sich dann natürlich auch aus der Ertragstafel die prozentische Ertragssteigerung des Ertrages eines ungedüngten Feldes berechnen, die eine bestimmte Düngergabe herbeiführen muß.

Will man nach dem Wirkungsgesetz den Nährstoffgehalt eines Bodens feststellen, so genügt es, wenn man dazu nur zwei Versuche anstellt, einen ohne Zugabe des betreffenden Nährstoffes und einen zweiten, bei dem man eine bestimmte Gabe desselben düngt und nachdem berechnet, um wieviele Prozente der Ertrag des ersteren Versuches durch diese Düngung gestiegen ist. Diese prozentische Ertragssteigerung muß nämlich bei gleicher Nährstoffgabe um so geringer werden, je mehr der Boden von dem betreffenden Nährstoffe bereits enthält. (Vgl. die Ertragstafeln Seite 18).

So verringert sie sich damit (= b) bei einer Düngung von 80 kg/ha P_2O_5, bzw. von 120 kg/ha K_2O in folgender Weise:

Phosphorsäuredüngung				Kali-Düngung			
b	P%	b	P%	b	P%	b	P%
0,4	91	1,3	13	0,6	91	1,6	20
0,6	52	1,6	8	0,8	63	2,0	13
0,8	33	1,8	6	1,0	44	2,4	8
1,0	22	2,0	4	1,2	33	2,8	6
1,2	16	3,0	1	1,4	25	3,2	4

Hat man ferner aus dieser prozentischen Ertragssteigerung den Nährstoffgehalt des Bodens „b" bestimmt, so hat man, um je 95% des betreffenden Höchstertrages zu ernten, an $P_2O_5 = (2{,}2 - b)$ dz/ha bzw. an $K_2O = (3{,}3 - b)$ dz/ha davon zu düngen!

Diese gelten wie die angegebenen Wirkungsfaktoren nur dann, wenn wir die Nährstoffgaben in dz/ha feststellen. Sie sind natürlich andere, wenn wir die Nährstoffmengen für Gefäßversuche verwenden, wo die Gefäße eine Erdoberfläche von nur 300 qcm haben und die Düngung in Gramm zugegeben wird. Führen wir hier diese Umrechnung aus:

1 dz sind 100000 g,

1 qcm ist der 100000000te Teil eines Hektars; also hat man die Nährstoffgaben x je dz/ha mit 100000 zu multiplizieren und durch 100000000 zu dividieren, dann ferner wieder, um auf 300 qcm Gefäßoberfläche zu kommen, mit 300 zu multiplizieren; das ergibt:

$$\frac{100000 \cdot 300}{100000000} = \frac{3}{10}.$$

Ertragstafel für Phosphorsäure (P_2O_5) *und Kali* (K_2O)
Erträge y in Prozenten des Höchstertrages bei einem Nährstoffgehalte von x dz/ha

x dz/ha	y P_2O_5	y K_2O	x dz/ha	y P_2O_5	y K_2O	x dz/ha	y P_2O_5	y K_2O
0,01	1,4	0,9	0,26	30,2	21,3	0,69	61,4	47,0
0,02	2,8	1,8	0,27	31,2	22,0	0,73	63,5	48,9
0,03	4,1	2,7	0,28	32,1	22,7	0,77	65,5	50,8
0,04	5,4	3,6	0,29	33,0	23,4	0,81	67,3	52,6
0,05	6,7	4,5	0,30	33,9	24,1	0,85	69,1	54,3
0,06	8,0	5,4	0,31	34,8	24,8	0,90	71,2	56,3
0,07	9,2	6,2	0,32	35,7	25,5	0,95	73,1	58,3
0,08	10,5	7,1	0,33	36,6	26,2	1,00	74,9	60,2
0,09	11,7	8,0	0,34	37,5	26,9	1,05	76,6	62,0
0,10	12,9	8,8	0,35	38,4	27,6	1,10	78,1	63,7
0,11	14,1	9,6	0,36	39,2	28,2	1,20	80,9	66,9
0,12	15,3	10,5	0,37	40,0	28,9	1,30	83,4	69,8
0,13	16,5	11,3	0,38	40,8	29,5	1,40	85,5	72,5
0,14	17,6	12,1	0,39	41,6	30,2	1,50	87,4	74,9
0,15	18,7	12,9	0,40	42,4	30,8	1,60	89,0	77,1
0,16	19,8	13,7	0,42	44,0	32,1	1,80	91,7	80,9
0,17	20,9	14,5	0,44	45,5	33,3	2,00	93,7	84,1
0,18	22,0	15,3	0,46	47,0	34,5	2,20	95,2	86,8
0,19	23,1	16,0	0,48	48,5	35,7	2,40	96,4	89,0
0,20	24,1	16,8	0,50	49,9	36,9	2,60	97,2	90,9
0,21	25,2	17,6	0,53	51,9	38,6	3,00	98,4	93,7
0,22	26,2	18,3	0,56	53,9	40,2	3,50	99,2	96,0
0,23	27,2	19,1	0,59	55,7	41,9	4,00	99,6	97,5
0,24	28,2	19,8	0,62	57,5	43,5	4,50	99,8	98,4
0,25	29,2	20,6	0,65	59,3	45,0	5,00	99,9	99,0

Werden aber die Nährstoffgaben mit $^3/_{10}$ multipliziert, so müssen die Wirkungsfaktoren je mit $^{10}/_3$ multipliziert werden, da das Produkt $c \cdot x$ ja gleich bleiben muß. Danach gestalten sich die Wirkungsfaktoren dieser drei Nährstoffe wie folgt:

$C =$	je dz/ha	je g/Gefäß
für Phosphorsäure	0,6	2,0
für Kali	0,4	1,33
für Stickstoff	0,2	0,67

Jedes Ergebnis, das so in einem Gefäßversuch erzielt wurde, ist damit auf das freie Land zu übertragen. Da die Wirkungsfaktoren von allen anderen Wachstumsfaktoren, falls diese günstig gestaltet werden, völlig unabhängig sind, so ist es ja auch ganz gleichgültig, wie hoch die Pflanzenerträge sind, ob g/Gefäß oder dz/ha! Es ist ebenfalls gleichgültig, daß die Pflanzen bei den Gefäßversuchen größere Lichtmengen haben als im geschlossenen Feldbestande, daß sie stets größere Wassermengen erhalten und darum auch größere Nährstoffgaben erhalten können, kurz, daß ihre Erträge, wenn wir sie auf das freie Land übertragen, infolge der Bessergestaltung einer ganzen Reihe anderer Wachstumsfaktoren vielleicht zehnmal so hoch ausfallen als im freien Lande! — Auch ist es ganz gleichgültig, welche Pflanzenart wir hier oder da verwenden! Auf alles das kommt es gar nicht an; maßgebend ist für den Versuch ausschließlich die Höhe der Ertragssteigerung, ausgedrückt in Prozenten des unter den gegebenen Bedingungen erzielbaren Höchstertrages oder auch ausgedrückt in Prozenten des ungedüngten Ertrages, da dieser ja unter genau den gleichen Bedingungen erzielt worden war. Hierauf haben wir bei der Bestimmung des Nährstoffbedarfs des Bodens zurückzukommen.

Unzählige Gefäßversuche von uns haben nun die obigen Wirkungsfaktoren ergeben, so daß wir bereits jahrzehntelang in Ostpreußen mit ihnen arbeiten konnten. Das war aber alles selbst erarbeitetes Material, demgegenüber so mancher skeptisch zu sein pflegt. Es war mir darum eine ganz besondere Genugtuung, daß ich nunmehr durch über 28000 Felddüngungsversuche, welche die Außenstationen unserer großen Düngemittelkonzerne ausgeführt hatten, feststellen konnte, daß diese Wirkungsfaktoren durchaus richtig sind, daß sie für jeden Nährstoff die angegebenen waren, und daß sie dabei völlig unabhängig von der Art des Bodens, von seinem jeweiligen Nährstoffgehalte, von dem Klima und der Jahreswitterung, ja auch von der Art der anzubauenden Kulturpflanze sind![19]

Als Beweis für die Richtigkeit unserer obigen Ausführungen mag darum dieses Beobachtungsmaterial hier noch in groben Zügen zusammengefaßt folgen (s. Tabellen I bis III).

Eine bessere Übereinstimmung der berechneten mit den gefundenen Erträgen konnte man wohl kaum erwarten! — Und somit dürfte der Beweis für die Richtigkeit des Wirkungsgesetzes damit voll erbracht sein!

Der zweiten Annäherung unseres Gesetzes, deren Verlauf Abb. 3 zeigt, wird in der nachstehenden Tabelle Rechnung getragen[20]. Die dabei gefundene Schädigungskonstante ist beim Roggen, der ja bekanntlich das längste Stroh hat und darum am meisten zum Lagern

Tabelle I

Feldversuche mit gesteigerter Phosphorsäuredüngung

Düngung + x dz/ha P_2O_5:		0,0	0,3	0,6	0,9	1,2
1218 Roggenversuche:						
Kornerträge y dz/ha	gefunden	20,7	22,8	24,0	25,7	26,1
	berechnet	20,7	22,8	24,3	25,2	25,9
963 Haferversuche:						
Kornerträge y dz/ha	gefunden	24,0	26,6	27,6	29,5	29,9
	berechnet	24,0	26,4	28,1	29,1	29,8
501 Weizenversuche:						
Kornerträge y dz/ha	gefunden	24,9	27,0	27,9	29,8	29,8
	berechnet	24,9	27,0	28,3	29,2	29,8
363 Gerstenversuche:						
Kornerträge y dz/ha	gefunden	23,4	26,1	26,5	27,5	28,7
	berechnet	23,5	25,6	27,0	27,9	28,6
3045 Getreideversuche:						
Kornerträge y dz/ha	gefunden	22,8	25,1	26,1	27,8	28,2
	berechnet	22,8	25,1	26,5	27,9	28,2
1642 Kartoffelerträge:						
Knollen y dz/ha	gefunden	237	251	261	269	275
	berechnet	237	253	263	270	274
600 Futterrübenversuche:						
Rüben y dz/ha	gefunden	653	702	725	754	777
	berechnet	654	702	733	754	768
238 Zuckerrübenversuche:						
Rüben y dz/ha	gefunden	358	379	389	404	—
	berechnet	358	377	389	397	—
1535 Wiesenheuversuche:						
Heu y dz/ha	gefunden	62,8	73,8	78,2	81,8	89,2
	berechnet	62,8	72,9	79,5	83,9	86,8
105 Kleeheuversuche:						
Heu y dz/ha	gefunden	72,0	76,0	86,5	89,6	95,2
	berechnet	72,0	80,4	86,1	89,8	92,2

Die Gleichungen für die oben berechneten Werte sind die folgenden

für die Roggenerträge: $\log (27{,}1 - y) = \log 27{,}1 - 0{,}6 \cdot (x + 1{,}04)$
für die Hafererträge: $\log (31{,}2 - y) = \log 31{,}2 - 0{,}6 \cdot (x + 1{,}06)$
für die Weizenerträge: $\log (31{,}0 - y) = \log 31{,}0 - 0{,}6 \cdot (x + 1{,}18)$
für die Gerstenerträge: $\log (29{,}8 - y) = \log 29{,}8 - 0{,}6 \cdot (x + 1{,}11)$
für die Getreideerträge: $\log (29{,}4 - y) = \log 29{,}4 - 0{,}6 \cdot (x + 1{,}09)$
für die Kartoffelerträge: $\log (283{,}0 - y) = \log 283{,}0 - 0{,}6 \cdot (x + 1{,}32)$
für die Futterrübenerträge: $\log (795{,}0 - y) = \log 795{,}0 - 0{,}6 \cdot (x + 1{,}25)$
für die Zuckerrübenerträge: $\log (413{,}0 - y) = \log 413{,}0 - 0{,}6 \cdot (x + 1{,}46)$
für die Wiesenheuerträge: $\log (92{,}5 - y) = \log 92{,}5 - 0{,}6 \cdot (x + 0{,}82)$
für die Kleeheuerträge: $\log (97{,}0 - y) = \log 97{,}0 - 0{,}6 \cdot (x + 0{,}98)$

neigt, am größten; sie ist am kleinsten beim Weizen, der ja bekanntlich seit Jahrzehnten bereits auf Lagerfestigkeit hin gezüchtet wird. Also auch hier werden durch das Wirkungsgesetz praktische Befunde und Tatsachen bestätigt.

Tabelle II

Feldversuche mit gesteigerter Kalidüngung

Düngung = x dz/ha Kali (K_2O)		0,0	0,6	0,8	1,2
712 Roggenversuche:					
Kornerträge y dz/ha	gefunden	22,5	24,2	24,8	25,5
	berechnet	22,5	24,4	24,8	25,5
562 Winterweizenversuche:					
Kornerträge y dz/ha	gefunden	28,1	29,8	30,1	31,2
	berechnet	28,1	29,7	30,1	30,7
454 Haferversuche:					
Kornerträge y dz/ha	gefunden	27,2	28,9	29,6	30,5
	berechnet	27,2	29,2	29,6	30,3
423 Gerstenversuche:					
Kornerträge y dz/ha	gefunden	23,7	25,5	25,8	26,7
	berechnet	23,7	25,5	25,9	26,6
2151 Getreideversuche:					
Kornerträge y dz/ha	gefunden	24,5	26,2	26,7	27,6
	berechnet	24,5	26,3	26,7	27,4

Düngung = x dz/ha Kali (K_2O)		0,0	0,8	1,2	1,6
3678 Kartoffelversuche:					
Knollenerträge y dz/ha	gefunden	247	264	268	275
	berechnet	247	264	269	272
1081 Futterrübenversuche:					
Rübenerträge y dz/ha	gefunden	706	764	787	809
	berechnet	705	769	787	799
330 Zuckerrübenversuche:					
Rübenerträge y dz/ha	gefunden	358	383	389	407
	berechnet	358	383	389	394
96 Maisversuche:					
Kornerträge y dz/ha	gefunden	38,8	43,8	44,3	45,9
	berechnet	38,8	43,6	44,9	45,9
52 Rapsversuche:					
Kornerträge y dz/ha	gefunden	19,7	21,2	21,6	21,9
	berechnet	19,7	21,2	21,6	21,9
2565 Wiesenheuversuche:					
Heuerträge y dz/ha	gefunden	67,8	78,3	81,5	85,3
	berechnet	67,8	78,6	81,6	83,8

Diese Schädigung setzt nun bei der Stickstoffdüngung bereits so früh ein, daß der zu erwartende Höchstertrag beim Roggen erst zu 44%

Tabelle III

Feldversuche mit gesteigerter Stickstoffdüngung

Düngung: x dz/ha Stickstoff (N)	0,0	0,2	0,3	0,4	0,5	0,6
1367 Roggenversuche:						
Kornerträge y dz/ha						
gefunden	18,2		23,9	25,9	27,3	27,8
berechnet	18,2		24,0	25,7	27,4	29,0
903 Weizenversuche:						
Kornerträge y dz/ha						
gefunden	23,8		28,9	30,7	32,3	33,1
berechnet	23,8		29,1	30,7	32,3	33,7
1846 Haferversuche:						
Kornerträge y dz/ha						
gefunden	22,6		28,2	30,4	31,8	32,6
berechnet	22,6		28,4	30,2	31,9	33,6
1051 Sommergerstenversuche:						
Kornerträge y dz/ha						
gefunden	23,7	27,8	29,1	30,2	31,4	31,5
berechnet	23,7	27,1	28,6	30,1	31,6	33,0
476 Wintergerstenversuche:						
Kornerträge y dz/ha						
gefunden	23,0	26,6	28,5	30,5	31,1	31,6
berechnet	23,0	26,5	28,2	29,7	31,2	32,6
732 Sommergerstenversuche:						
Kornerträge y dz/ha						
gefunden	33,0	38,9	41,1	42,5	45,1	46,8
berechnet	33,0	38,2	40,6	42,8	44,9	46,9
Düngung: x dz/ha Stickstoff (N)	**0,0**	**0,4**	**0,6**	**0,7**	**0,8**	**1,0**
1974 Kartoffelversuche:						
Knollenerträge y dz/ha						
gefunden	212	248	264	—	274	—
berechnet	212	248	264	—	278	—
3190 Futterrübenversuche:						
Rübenerträge y dz/ha						
gefunden	688	—	801	—	861	884
berechnet	686	—	822	—	860	894
314 Zuckerrübenversuche:						
Rübenerträge y dz/ha						
gefunden	344	—	398	407	418	434
berechnet	344	—	401	409	417	431
95 Kohlrübenversuche:						
Rübenerträge y dz/ha						
gefunden	500	—	578	—	629	662
berechnet	500	—	606	—	635	662

Die Gleichungen für die berechneten Werte sind die folgenden:

für die Winterweizenerträge:	$\log(32 - y) = \log 32 - 0{,}4 \cdot (x + 2{,}28)$
für die Roggenerträge:	$\log(27 - y) = \log 27 - 0{,}4 \cdot (x + 1{,}95)$
für die Hafererträge:	$\log(31{,}8 - y) = \log 31{,}8 - 0{,}4 \cdot (x + 2{,}10)$
für die Gerstenerträge:	$\log(28 - y) = \log 28 - 0{,}4 \cdot (x + 2{,}03)$
für die Getreideerträge	$\log(28{,}8 - y) = \log 28{,}8 - 0{,}4 \cdot (x + 2{,}06)$
für die Kartoffelerträge	$\log(280 - y) = \log 280 - 0{,}4 \cdot (x + 2{,}32)$
für die Futterrübenerträge:	$\log(827 - y) = \log 827 - 0{,}4 \cdot (x + 2{,}08)$
für die Zuckerrübenerträge:	$\log(405 - y) = \log 405 - 0{,}4 \cdot (x + 2{,}34)$
für die Maiserträge:	$\log(48 - y) = \log 48 - 0{,}4 \cdot (x + 1{,}79)$
für die Rapserträge:	$\log(22{,}5 - y) = \log 22{,}5 - 0{,}4 \cdot (x + 2{,}26)$
für die Wiesenheuerträge:	$\log(88{,}5 - y) = \log 88{,}5 - 0{,}4 \cdot (x + 1{,}58)$

Die Gleichungen für die berechneten Werte sind die folgenden:

für die Wintergerstenerträge:	$\log(63 - y) = \log 63 - 0{,}2 \cdot (x + 0{,}99)$
für die Roggenerträge:	$\log(63 - y) = \log 63 - 0{,}2 \cdot (x + 0{,}74)$
für die Weizenerträge:	$\log(65 - y) = \log 65 - 0{,}2 \cdot (x + 0{,}99)$
für die Hafererträge:	$\log(68 - y) = \log 68 - 0{,}2 \cdot (x + 0{,}88)$
für die Sommergerstenerträge:	
für die Kornerträge:	$\log(62 - y) = \log 62 - 0{,}2 \cdot (x + 1{,}06)$
für die Stroherträge:	$\log(90 - y) = \log 90 - 0{,}2 \cdot (x + 1{,}00)$
für die Kartoffelerträge:	$\log(425 - y) = \log 425 - 0{,}2 \cdot (x + 1{,}50)$
für die Futterrübenerträge:	$\log(1250 - y) = \log 1250 - 0{,}2 \cdot (x + 1{,}73)$
für die Zuckerrübenversuche:	$\log(580 - y) = \log 580 - 0{,}2 \cdot (x + 1{,}95)$
für die Kohlrübenversuche:	$\log(940 - y) = \log 940 - 0{,}2 \cdot (x + 1{,}65)$

(27,8 gegen 63), beim Weizen zu 51% (33,1 gegen 65 dz/ha) erreicht wird. In der Abb. 3 sind einige dieser Kurven wiedergegeben, um ihren typischen Verlauf zu ersehen.

Der Schädigungsfaktor „k“ ist bei der Gerste für den Strohertrag nur etwa halb so groß wie für den Kornertrag ($k = 0{,}073$ gegen 0,148), was besagt, daß das Stroh viel weniger unter der Lagerfrucht leidet als das Korn.

Im allgemeinen ist der Schädigungsfaktor bei der Düngung mit unseren leicht wasserlöslichen Stickstoffdüngemitteln recht hoch; trotzdem kann man aber, wie das aus der Tabelle III ersichtlich ist, bis zum deutlichen Einsetzen dieser Schädigung die Beobachtungen noch sehr gut mit der Gleichung verarbeiten, die wir als erste Annäherung kennenlernten; die gefundenen Werte stimmen hier mit den berechneten bei den Getreideversuchen bis zu einer Düngung unter 0,6 dz/ha N ebensogut noch überein wie bei der Benutzung der Gleichung, die uns die zweite Annäherung an das Gesetz wiedergibt. — Dabei kann auch in beiden Fällen der gleiche Wirkungswert für Stickstoff ($c = 0{,}2$) Verwendung finden. Bei allen anderen Pflanzen, die nicht ins Lager gehen, folgt der Anschluß mit der ersten Gleichung, also ohne Berücksichtigung einer Schädigung, noch bei einer Düngergabe von 1,2 dz/ha (s. Tabelle auf S. 26).

Da wir die Schädigung hier auf plasmolytische Erscheinungen zurückzuführen haben, so muß sie ganz wesentlich geringer werden, wenn man die zu starke Konzentration der Bodenlösung dadurch umgeht, daß man den Boden ständig mit Wasser gesättigt hält. Wir haben das bei Haferversuchen in Sandkulturen dadurch getan, daß wir den Boden ständig mit Wasser gesättigt hielten. Der Schädigungsfaktor ging dadurch von $k = 0{,}100$ auf $k = 0{,}009$ je dz/ha zurück! — Können wir daher durch künstliche Beregnung das gleiche auch im freien Lande erreichen, so müssen wir nicht nur wegen der größeren Wassermengen, die wir damit den Pflanzen zur Verfügung stellen, sondern auch wegen der höheren Stickstoffgaben, die wir dann ohne plasmolytische Schädigung zu geben vermögen, noch ganz wesentliche Ertragssteigerungen erzielen. — Bei Vorversuchen erzielten wir so mit einer Düngung von 3,6 dz/ha in Form von Kalkammonsalpeter 800 dz/ha an Kartoffeln.

Da unsere anderen Pflanzennährstoffe nicht so leicht wasserlöslich sind wie der Stickstoff, so ist auch ihre Schädigungskonstante k ganz wesentlich geringer. Bei der Phosphorsäuredüngung konnten wir selbst bei Düngergaben von 11,5 dz/ha P_2O_5 noch keine Ertragsschädigung feststellen. Wir ermittelten hier aus Gefäßversuchen eine Schädigungskonstante von $k = 0{,}000072$ je dz/ha!

Bei einer Düngung von schwefelsaurem Kali war in den Gerstenerträgen trotz Gaben von 25,6 dz/ha K_2O eine Ertragsdepression noch nicht feststellbar; bei Kartoffelversuchen betrug der Schädigungsfaktor $k = 0{,}00014$. In Gefäßen wurde er bei Haferkulturen mit $k = 0{,}000057$ dz/ha festgestellt. Bei einer Düngung mit Chlorkali betrug der Schädigungsfaktor bei Gerstenversuchen $k = 0{,}00040$, bei Kartoffelversuchen $k = 0{,}00077$.

Ertragsdepressionen durch Überdüngung sind also bei diesen beiden Nährstoffen nicht zu erwarten.

Der Wirkungsfaktor vom Stickstoff ($c = 0{,}2$) ist niedrig, so daß man erst bei einem Gehalte des Bodens von 10,0 dz/ha 99% des erzielbaren Höchstertrages erntet; der Gehalt der Böden an Stickstoff ist dagegen, wie man aus der Tab. III ersieht, sehr gering ($b = 0{,}74$ bis $= 1{,}95$ dz/ha); da andererseits aber der Schädigungsfaktor „k“ bei diesem Nährstoff ganz besonders hoch ist und man darum nicht größere Mengen von unseren leicht wasserlöslichen Düngemitteln geben darf, so ergibt sich daraus die notwendige Folgerung, daß fast ein jeder Boden auf eine Düngung mit Stickstoff reagieren muß.

Der Wirkungsfaktor des Kalis ist sehr viel höher ($c = 0{,}4$), so daß man bei einem Gehalte des Bodens von 5 dz/ha bereits 99% des damit erzielbaren Höchstertrages erntet. Der Gehalt der Böden ist hier nach Tabelle II $b = 1{,}79$ bis $= 2{,}32$ dz/ha. Da die Schädigungskonstante sehr gering ist, so kann man, ohne Depressionserscheinungen zu erhalten, den Boden auf 5 dz/ha durch Düngung auffüllen. — Genau das gleiche gilt für die Phosphorsäure, da man bei ihr infolge ihres hohen Wirkungswertes ($c = 0{,}6$) bereits mit 3,3 dz/ha 99% des Höchstertrages erreicht und gleichfalls keine Ertragsdepressionen auftreten werden.

Je höher nun aber die Wirkungswerte eines Nährstoffes sind, je geringere Mengen davon also erforderlich sind, um die damit erreichbaren Höchsterträge zu ernten, um so eher werden diese Mengen auch bereits in diesem oder jenem Boden vorhanden sein! Es reagieren daher bereits viele Böden nicht auf eine Kali- oder auf eine Phosphorsäuredüngung!

Und nun zum Extrem! — Da alle Spurenelemente, Reiz- oder Stimulationsstoffe sehr hohe Wirkungsfaktoren haben, so wird man nur sehr selten einen Boden finden, der auf einen solchen „Nährstoff" noch mit einer Ertragssteigerung reagiert! Aus diesem Grunde ist es auch meist eine ganz vergebliche Arbeit, die Höhe der Wirkungsfaktoren derartiger Nährstoffe experimentell feststellen zu wollen. Schon beim Kalk als „Nährstoff" ist das ganz außerordentlich schwierig. Es ist ja doch nur möglich, wenn wir bei einer Düngung mit dem betreffenden Stoffe Ertragssteigerungen erhalten, die völlig außerhalb der Versuchsfehler liegen.

Der logarithmische Anstieg der Erträge, den das Wirkungsgesetz der Wachstumsfaktoren fordert, ist nun außer bei den verschiedenen Pflanzennährstoffen auch bei den folgenden Wachstumsfaktoren festgestellt worden:

Es stiegen die Pflanzenerträge mit der Verminderung des Steingehaltes des Bodens (in Prozenten des Bodenvolumens) nach Versuchen von E. Wollny[21] mit dem Wirkungsfaktor $c = 0{,}074$. Diese Versuche wurden in 8 Jahren mit acht verschiedenen Pflanzen teils wiederholt durchgeführt.

Es stiegen nach Versuchen von E . WOLLNY[22] die Erträge von vier verschiedenen Pflanzen in fünf verschiedenen Versuchsjahren mit der Feinheit der Bodenteilchen. Der Wirkungsfaktor war $c = 0{,}45$, berechnet auf Prozente.

Es stiegen die Erträge mit der Tiefe der Ackerkrume mit einem Wirkungsfaktor $c = 0{,}005$ je cm Tiefe (nach Feldversuchen von E. WOLLNY[23] berechnet).

Es stiegen die Erträge von zehn verschiedenen Pflanzenarten mit der Tiefe der Bodenbearbeitung mit einem Wirkungsfaktor $c = 0{,}005$ je cm Tiefe. [Versuche von E. WOLLNY][23].

Es stiegen die Erträge der Einzelpflanze mit dem ihr zur Verfügung stehenden Standraume in qcm je nach den Standraumansprüchen der Pflanzenart[24] z. B.

bei Buschbohnen	mit dem Wirkungsfaktor $c = 0{,}001$
bei Hanf	mit dem Wirkungsfaktor $c = 0{,}0006$
bei Kartoffeln	mit dem Wirkungsfaktor $c = 0{,}00018$

Andererseits stieg der Ertrag in dz/ha mit der Anzahl der auf der Flächeneinheit stehenden Pflanzen, und zwar für 1000 Pflanzen je nach der Pflanzenart

bei Gerste	mit dem Wirkungsfaktor $c = 1{,}000$
bei Hafer	mit dem Wirkungsfaktor $c = 0{,}53$
bei Kartoffeln	mit dem Wirkungsfaktor $c = 0{,}014$
bei Buschbohnen	mit dem Wirkungsfaktor $c = 0{,}0023$
bei Hanf	mit dem Wirkungsfaktor $c = 0{,}0037$

Der Ertrag des laufenden Meters einer Drillreihe steigt mit der Dichte der Aussaat bei allen Pflanzen mit dem gleichhohen Wirkungsfaktor $c = 0{,}016$[25].

Der Pflanzenertrag steigt mit der im Boden befindlichen Wassermenge, gemessen in mm Höhe, mit dem Wirkungsfaktor $c = 0{,}0005$ bis $c = 0{,}08$[26]; er wird höher, je mehr das Wasser durch Lösung von Pflanzennährstoffen zu einer „Nährlösung" wird. Sind aber in einem Boden im Wasser die gleichen Mengen an Nährstoffen gelöst, so ist der dadurch bedingte Wirkungsfaktor für alle Pflanzenarten der gleiche[27].

Der Pflanzenertrag steigt mit der Bodentemperatur bei allen Pflanzen mit dem Wirkungswerte $c = 0{,}01$ je t^0 C[28]. Er kommt erst zustande, wenn der Boden eine durchschnittliche Tagestemperatur von $+5°$ C hat.

Der Ertrag aller Pflanzen steigt mit der Phosphorsäuredüngung mit einem Wirkungswerte von 0,6 je dz/ha; der Schädigungsfaktor ist $k = 0{,}000072$ je dz/ha, so daß eine Überdüngung in der Praxis, wie wir zuvor sahen, zunächst keine Ertragsdepression herbeiführen kann.

Der Wirkungsfaktor des Kalis ist für alle Pflanzen $c = 0{,}4$ je dz/ha. Der Schädigungsfaktor ist bei schwefelsaurem Kali $k = 0{,}000057$ und beim Chlorkalium $k = 0{,}00028$. Sie sind noch so gering, daß auch hier eine Überdüngung keine Ertragsdepressionen hervorrufen dürfte.

Der Wirkungsfaktor des Stickstoffs ist für alle Pflanzen $c = 0{,}2$ je dz/ha. Der Schädigungsfaktor ist bei Getreide $k = 0{,}032$ bis $0{,}185$ derart groß, daß wir von leichtlöslichen stickstoffhaltigen Düngemitteln zu Getreide nicht mehr als 0,6 dz/ha N zu geben vermögen, ohne weitere Ertragsdepressionen zu bekommen. Bei allen anderen Pflanzen können noch 1,2 dz/ha N, ja wohl auch noch höhere Gaben, in leicht wasserlöslicher Form gedüngt werden.

Der Pflanzenertrag steigt mit der Magnesiazufuhr mit einem Wirkungswerte von $c = 2{,}0$ je dz/ha[29].

Der Pflanzenertrag steigt mit der Schwefelzufuhr mit dem Wirkungsfaktor $c = 15$ je dz/ha.

Der Ertrag aller Pflanzen steigt mit den ihnen zur Verfügung stehenden Lichtmengen mit dem Wirkungsfaktor $c = 2$, bezogen auf mittlere Lichtintensität während der Vegetationszeit[30]. Die Ertragssteigerung setzt jedoch erst dann ein, wenn bei geringerer Lichtintensität 20% davon, bei hoher Lichtintensität 50% davon den Pflanzen zur Verfügung stehen.

Der Pflanzenertrag steigt nach dem Gesetze mit der Anzahl der Niederschlagstage T, wobei $c = 0{,}009$ ist[31].

Er steigt nach dem Wirkungsgesetze mit dem natürlichen oder künstlichen Regen (in mm Wasserhöhe), wobei die Wirkung $c = 0{,}003$ konstant ist. Sie ist unabhängig von der Pflanzenart, vom Klima wie von dem Boden!

Der Pflanzenertrag steigt nach dem Gesetze mit dem Sauerstoffgehalt der Luft mit dem Faktor $c = 0{,}1$ für Volumprozente[32]. An den normalen Sauerstoffgehalt der Luft haben sich die Pflanzen akklimatisiert. Bei ihm werden die Höchsterträge so gut wie erreicht.

Der Pflanzenertrag steigt nach dem Wirkungsgesetze mit dem Kohlensäuregehalt der Luft in Volumprozenten. Der Wirkungsfaktor schwankt hier sehr mit der Lichtintensität[33], die den Pflanzen geboten wird, und zwar ist er um so größer, je größer die Lichtintensität i ist, nach der folgenden Gleichung:

$$\log c = 2 \cdot i - 0{,}3447.$$

Bei normaler Lichtintensität ($i = 1$) und normalem Kohlensäuregehalt der Luft (= 0,03 Volumprozenten) lieferten die Pflanzen 95,6% des Höchstertrages, ein Zeichen, daß sie sich auch hieran akklimatisiert haben.

Um für weitere Forschungen auf diesem Gebiete die Rechenarbeit zu erleichtern, soll hier noch die zweckmäßigste Ermittelung der Konstanten der Gleichung des Wirkungsgesetzes angegeben werden. Zunächst ist es zwar wünschenswert, daß man möglichst viele Punkte der Ertragskurve durch Beobachtungen festlegt; wichtiger ist es aber noch, daß die Beobachtungen, die man dazu benutzt, möglichst geringe Fehler aufweisen; denn wenn nur für den einzelnen Beobachtungspunkt wenige Parallelversuche durchgeführt werden, wird der Beobachtungsfehler oft größer sein als die Differenz zwischen zwei beobachteten, benachbarten Kurvenpunkten! — Im allgemeinen dürfte es genügen, für eine Kurve fünf Beobachtungspunkte möglichst sicher zu bestimmen, diese aber dabei möglichst derart auseinander zu legen, daß die zu gewinnenden Erträge je um 25% des zu erwartenden Höchstertrages ansteigen. Da wir es hier mit dem Anstieg einer logarithmischen Funktion zu tun haben, habe ich darum die Gabe von dem Wachstumsfaktor meist um das 2,5fache gesteigert, so z. B. bei den Nährstoffen die Gaben: 0,0 — 0,10 — 0,25 — 0,60 — 1,50 — verabfolgt.

Zur Berechnung von A wird man, sofern man diesen Wert nicht direkt experimentell zu ermitteln vermag, zunächst graphisch die Ertragskurve durch Verbindung der gefundenen Punkte aufzeichnen. Die Berechnung selbst kann dann erfolgen[34], wenn man drei Beobachtungen so wählt, daß $x_2 - x_1 = x_3 - x_2$ ist; dann ist

$$A = \frac{y_2^2 - y_1 \cdot y_3}{2\,y_2 - y_1 - y_3} \tag{13}$$

oder man kann nach Rauterberg[35] A aus vier Beobachtungen ermitteln, die man dann so wählt, daß $x_n + x_m = x_p + x_q$ ist.

Es ist dann

$$A = \frac{y_n \cdot y_m - y_p \cdot y_q}{(y_n + y_m) - (y_m + y_q)} \tag{14}$$

Einfacher ist es wohl, die Ermittlung des Wertes von A direkt nur graphisch durch Extrapolation angenähert auszuführen und sodann für jede Beobachtung $x\ y$ den Wert für „c" nach folgender Gleichung zu ermitteln:

$$c = \frac{\log (A - a) - \log (A - y)}{x} \tag{15}$$

Steigen dann die so für c berechneten Werte mit steigendem x, dann ist der Wert für A zu niedrig angenommen worden und muß entsprechend erhöht werden, fallen sie, so wurde er zu hoch gewählt und ist entsprechend niedriger zu nehmen. Dieses Verfahren ermöglicht es auch, diejenigen Beobachtungen bei den Berechnungen stärker ins Gewicht fallen zu lassen, welche den geringeren Beobachtungsfehler aufweisen.

Sind so die Werte für A und für c bekannt und ist der Ertrag des nicht differenziert behandelten Teilstückes a durch das Experiment festgestellt worden, dann ergibt sich die Menge des bereits zuvor bei dem Versuch vorhandenen Wachstumsfaktors b aus der Gleichung:

$$b = \frac{\log A - \log (A - a)}{c} \tag{16}$$

Zusammenfassend ist zum Wirkungsgesetz der Wachstumsfaktoren folgendes auszuführen:

Nach diesem Gesetz wird der Pflanzenertrag gleichzeitig durch das Einwirken sämtlicher Wachstumsfaktoren bedingt. Von diesen Wachstumsfaktoren kann der Mensch einen Teil günstig beeinflussen und dadurch die Pflanzenerträge steigern. Das ist z. B. möglich hinsichtlich der verschiedenen Pflanzennährstoffe, also durch eine entsprechende Düngung. Es ist ferner möglich durch eine günstigere Anreicherung von Wärme und Wasser im Boden, wobei das Hauptaugenmerk auf die Zufuhr organischer Düngemittel und auf die richtige und zweckmäßige Bodenbearbeitung zu legen ist. Es ist möglich auch durch Verwendung von entsprechend gutem Saatgut, und zwar von hochgezüchteten Pflanzen, u. a. m.

Die lokal vorliegenden klimatischen Lebensbedingungen der Pflanze, die jeweilige Jahreswitterung vermag dagegen der Mensch noch ebensowenig künstlich zu beeinflussen wie die physikalische Beschaffenheit des gegebenen Bodens. Nur da, wo die Möglichkeit künstlicher Beregnung vorliegt, sind auch hier bereits Anfänge zu verzeichnen.

Da nun ein jeder Wachstumsfaktor einen Einfluß auf den Ertrag hat, so wird man durch die Verbesserung eines jeden von ihnen, soweit wir das vermögen, den Ertrag steigern können. Vermag man das nun durch Verbesserung des einen Wachstumsfaktors um 10%, durch die eines zweiten um 20% und durch die eines dritten um 30%, so muß nach dem Gesetze unser Ertrag dadurch von 100 auf 110, von da auf 132 und von da auf 171,6 ansteigen; denn der jeweilige Höchstertrag und damit auch jedweder Ertrag wird ja bedingt durch die jeweiligen Mengen, die von allen einzelnen Wachstumsfaktoren zur Wirkung gelangen.

Ist dann z. B. die Witterung ungünstig und die Trockenheit derart groß, daß überhaupt nur geringere Erträge zustande kommen können, so werden trotzdem die Pflanzen, bei denen wir die drei Wachstumsfaktoren günstiger gestalteten, einen um 71,6% höheren Ertrag liefern als die, bei denen wir diese Wachstumsfaktoren nicht verbesserten. Haben wir infolge günstiger Witterung andererseits besonders hohe Erträge, so werden auch diese durch die gleiche Verbesserung der drei Wachstumsfaktoren um den gleichen Betrag, um 71,6% höher ausfallen als sonst!

Natürlich wird es Aufgabe der Technik sein, Wachstumsstörungen von vornherein auszuschalten, so Säure im Boden, wie irgendwelche Pflanzengifte zu beseitigen; dann aber auch, wie gesagt, den einmal durch die Jahreswitterung gegebenen ungünstigen Wachstumsfaktoren durch die Bodenbearbeitung entgegenzutreten und den Boden zu einem Reservoir für Wasser und Wärme auszugestalten und ihn so, möglichst gefüllt, während der ganzen Vegetationszeit zu erhalten!

Wenn man bei Ertragsfeststellungen bei steigenden Gaben eines Wachstumsfaktors mal nicht die logarithmische Gleichung des Wirkungsgesetzes finden sollte, so spricht das keineswegs gegen die Gültigkeit dieses Gesetzes, sondern vielmehr dafür, daß hier anormale Verhältnisse vorliegen, denen man forschend nachzugehen hat, um u. a. Ertragsdepressionen zu überwinden!

Das Wirkungsgesetz lehrte uns so z. B., welch große Stickstoffmengen die Pflanzen zur Bildung von Höchsterträgen haben sollten, doch die Praxis ließ das nicht zu, da bereits bei sehr viel geringeren

Gaben an mineralischer Stickstoffdüngung Ertragsdepressionen einsetzten, die also beseitigt werden mußten.

Wir lernten das, indem wir entweder diese hohen Stickstoffgaben in schwerer und über die Vegetationszeit hin löslich werdender Form düngten, oder indem wir sie in drei oder in vier Gaben über die Vegetationszeit verteilten, wobei diese verabfolgt werden müssen, bevor die Pflanzen Mangel daran haben, und wiederum auch nicht in Mengen, die noch während der Vegetation Ertragsschädigungen herbeiführen!

Das Ideal wäre hier das ständige Gießen mit einer einpromilligen Nährlösung!

Im letzten Jahrzehnt glaubt man die höchsten Ernten zu erzielen, wenn das Verhältnis zwischen $P_2O_5 : K_2O : N$ ein möglichst günstiges ist. Auf Grund unserer Wirkungsfaktoren sollte es dann sein:

$$2 : 3 : 6$$

Das mag sein; aber wenn wir danach düngen wollten, müßten wir doch zunächst wissen, wieviel von den drei Nährstoffen bereits in pflanzenaufnehmbarer Form im Boden sind. Stellen wir aber dazu mit den einzelnen Nährstoffen Düngungsversuche an, so besagt doch bereits das Wirkungsgesetz ohne jede Berücksichtigung des Nährstoffverhältnisses, wieviel von einem jeden Nährstoff bereits im Boden ist und wieviel von dem einzelnen zu düngen ist, um Höchsterträge zu ernten!

II. Das Pflanzenwachstumsgesetz

Das Pflanzenwachstumsgesetz[36] ist eine Zeitfunktion, die uns angeben soll, wie die Pflanzenerträge im Verlaufe des Wachsens der Pflanze zunehmen müssen. Gerade in dieser Zeiteinteilung liegt jedoch die große Schwierigkeit der Auffindung einer Gesetzmäßigkeit.

Nimmt man zunächst an, daß man den Pflanzen alle Wachstumsfaktoren während der ganzen Vegetationszeit in ausreichenden Mengen zur Verfügung stellen kann, dann darf man auch ferner annehmen, daß sie von allen diesen Wachstumsfaktoren entsprechend ihren speziellen Wirkungswerten in gleichen Zeiten die gleichen Mengen aufnehmen werden. Wir kehren damit zu unserer Gleichung (10) zurück und setzen in dieser, gemäß unserer Annahme

$$c \cdot x = c_1 \cdot x_1 = c_2 \cdot x_2 = c_3 \cdot x_3 = \ldots = c_n \cdot x_n, \tag{17}$$

dann geht unsere Gleichung zunächst in die folgende Form über:

$$y = A \cdot (1 - 10^{-c \cdot x})^n \tag{18}$$

Wir erhalten so bereits eine Kurve, die deutlich einen Wendepunkt in ihrem anfänglichen Verlaufe aufweist.

Nun sind aber unsere Voraussetzungen sehr zu diskutieren:

Pflanzenphysiologisch ist die Anzahl der Tage, die wir hier für x in unsere Gleichung einsetzen müssen, kein „Wachstumsfaktor". Denn es werden den Pflanzen in der gleichen Zeit von je 24 Stunden z. B. im Frühjahre viel geringere Licht- und Wärmemengen zur Verfügung gestellt als im Sommer, und auch zum Herbst hin werden diese wieder geringer. Diese Energiemengen beherrschen aber naturgemäß das pflanzliche Leben und das Wachsen; sie bedingen auch wohl die Wasser- und die Nährstoffaufnahme, die damit auch keineswegs mehr so verläuft, daß man nun einen Tag als Einheit für diese Aufnahmen einsetzen könnte. Andererseits ist es aber auch möglich, daß gerade diese beiden Energiefaktoren von grundlegender Bedeutung sind, und daß alle anderen Wachstumsfaktoren als Zeitfunktionen hinter diesen zurücktreten, und es so darauf zurückzuführen ist, daß wir bei unseren Ertragsversuchen meist nur die zweite Potenz als n-te erhalten.

Bevor ich hierfür einige Beispiele wiedergebe, wollen wir noch unsere Gleichung (18) zur leichteren Berechnung der Ergebnisse wieder logarithmieren. Sie lautet dann (vgl. hierzu Abb. 4):

$$\log (\sqrt{A} - \sqrt{y}) = \log \sqrt{A} - c \cdot T \tag{19}$$

Nach Tagen	Hafererträge y kg/qm				Nach Tagen	Kartoffelerträge y kg/qm			
	ungedüngt		gedüngt			ungedüngt		gedüngt	
T	gef.	ber.	gef.	ber.	T	gef.	ber.	gef.	ber.
26	119	119	269	258	8	292	324	400	349
51	224	223	434	437	25	1100	1217	1800	1822
67	273	261	478	482	40	1590	1579	2700	2868
89	305	288	523	512	57	1662	1729	3808	3608
					88			4375	4150
					102			4195	4266

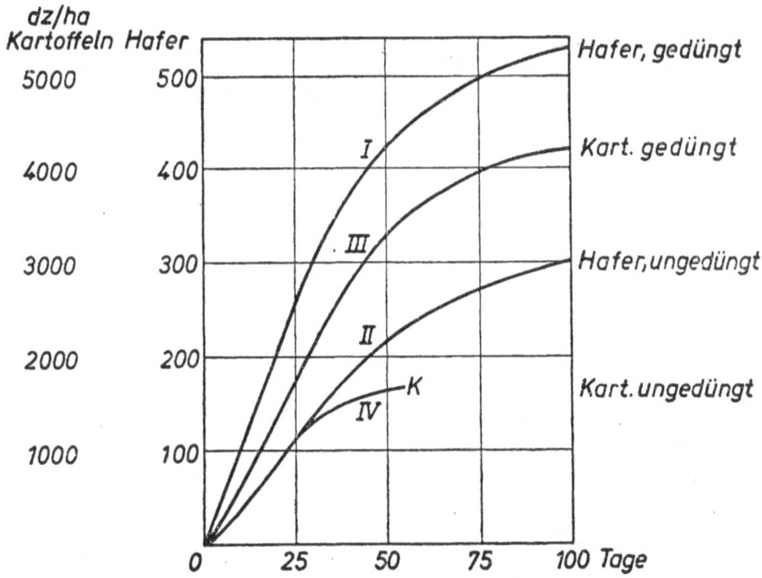

Abb. 4. Ertragssteigerungen nach dem Pflanzenwachstumsgesetz

Die zugehörigen Gleichungen sind:

für die Hafererträge,

ungedüngt: $\log(\sqrt{310} - \sqrt{y}) = 1{,}2457 - 0{,}0161 \cdot T$

gedüngt: $\log(\sqrt{530} - \sqrt{y}) = 1{,}3622 - 0{,}020 \cdot T$

für die Kartoffelerträge,

ungedüngt: $\log(\sqrt{1800} - \sqrt{y}) = 1{,}6276 - 0{,}030 \cdot T$

gedüngt: $\log(\sqrt{4375} - \sqrt{y}) = 1{,}8205 - 0{,}018 \cdot T$

Nach Tagen	bei Hafer mm W				Nach Tagen	bei Kartoffeln mm W			
	ungedüngt		gedüngt			ungedüngt		gedüngt	
T	gef.	ber.	gef.	ber.	T	gef.	ber.	gef.	ber.
27	68,6	73,6	60,3	73,6	28	54,2	52,7	84,4	77,6
43	130,1	126,1	132,8	126,1	43	121,6	100,0	147,6	139,3
62	200,9	188,2	195,0	188,2	62	162,7	159,8	219,0	209,4
86	240,6	235,9	241,9	235,9	89	221,6	232,1	283,8	283,6
					117	295,3	290,0	335,4	332,4
					151	333,5	333,2	364,2	365,5

Pflanzenphysiologisch von Bedeutung ist, daß nach dem gleichen Gesetze der Wasserverbrauch der Kulturpflanzen[37] und damit auch die Nährstoffaufnahme erfolgen muß. Für den Wasserverbrauch noch folgende Beispiele (vgl. Abb. 5):

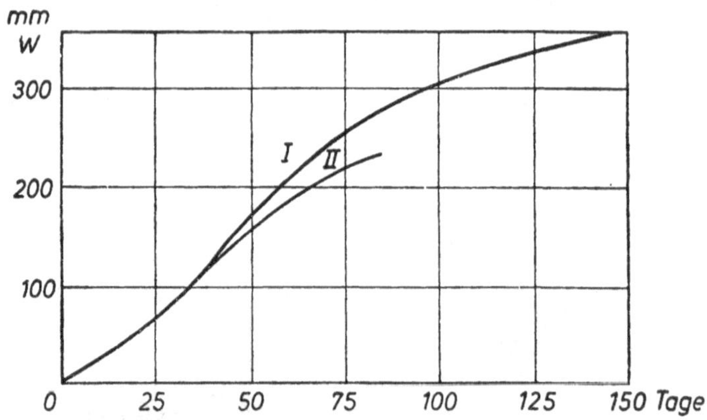

Abb. 5. Wasserverbrauch w in Tagen bei I Kartoffeln, II Hafer

Die Gleichungen für die vorstehend berechneten Werte sind:

für die Haferversuche,

ungedüngt:, gedüngt: $\log(\sqrt{300} - \sqrt{w}) = \log\sqrt{300} - 0{,}011 \cdot T$

für die Kartoffelversuche,

ungedüngt: $\log(\sqrt{400} - \sqrt{w}) = \log\sqrt{400} - 0{,}007 \cdot T$

gedüngt: $\log(\sqrt{400} - \sqrt{w}) = \log\sqrt{400} - 0{,}009 \cdot T$

Man erkennt hier z. B., daß die Höhe des Ertrages auf den Wasserverbrauch der Kulturpflanzen während der Vegetationszeit keinen Einfluß ausübt.

Die Erkenntnis des Wasserverbrauchs der Kulturpflanzen während der Wachstumszeit gibt uns die Möglichkeit, nunmehr unter Berücksichtigung der klimatischen Verdunstungsbedingungen und Niederschläge *quantitativ* künstlich zu beregnen!

Unterbricht man das Wachstum der Pflanzen, indem man z. B. Wiesen zweimal schneidet oder Weiden drei- bis viermal abhütet, dann wird damit naturgemäß in gleicher Weise der Wasserverbrauch unserer Kulturpflanzen ein geringerer, da die Wachstumsperiode, und damit auch die Wasserverdunstung, von jedem Schnitte ab wieder von neuem einsetzen muß. Macht man so ein Gras reif, um Samen zu gewinnen, so benötigt dieses bis zu seiner Reife mehr Wasser, als wenn es zweimal im Jahre geschnitten wird, und hier wieder mehr Wasser, als wenn man es abweiden läßt.

Das sind zunächst praktische Nutzanwendungen, die sich aus dem Pflanzenwachstumsgesetz folgern lassen.

Da die Zeit T pflanzenphysiologisch nicht immer gleich groß zu gestalten ist, da die Wachstumsbedingungen im Verlaufe der Vegetationszeit nie ganz gleich hinsichtlich der Zeit eingehalten werden können, so werden die Beobachtungen hier nie so genau ausfallen wie bei den Beobachtungen, die wir zur Ermittelung des Wirkungsgesetzes anstellen können. Darin liegt es auch begründet, daß hier die Übereinstimmung der berechneten mit den gefundenen Werten keine derart gute ist wie zuvor. Immerhin glaube ich, daß wir zunächst mit der Gleichung, die ich hier für das Wachstumsgesetz angab, und die sich aus der des Wirkungsgesetzes ableiten läßt, arbeiten können.

ÜBER DIE FEHLER BEI ERTRAGSVERSUCHEN

Wenn wir ein physikalisches Experiment, eine chemische Analyse oder auch anderweitige Beobachtungen anstellen und sie dann ganz in der gleichen Weise wiederholen, so werden wir dabei fast nie zu genau dem gleichen Ergebnis kommen. Wir wissen nun, daß, wenn diese Unterschiede in den Ergebnissen groß sind, unsere Beobachtungen ungenau waren, und es ist dann üblich, sie nochmals in gleicher Weise zu wiederholen. Im allgemeinen wird ja unser Ergebnis um so sicherer sein, je mehr derart gleichartige Versuche angestellt werden, und je mehr so derartige gleichsollende Ergebnisse vorliegen. Die Genauigkeit steigt mit der Wurzel aus der Anzahl n der ausgeführten Untersuchungen.

Bei allen unseren Arbeiten ist uns nun ein Genauigkeitsmaß notwendig, und das um so mehr, je unsicherer unsere Untersuchungen sind oder sein können, und wir sind hier unserem großen *Gauß* dankbar, daß er uns die Gesetzmäßigkeiten aufgezeigt hat, denen diese Abweichungen in unseren Versuchsergebnissen unterliegen müssen. Hat man so eine größere Reihe gleicher Beobachtungen angestellt, und bildet man alsdann das Mittel aus allen hier vorliegenden Beobachtungen, welches ja, wie wir sahen, der wahrscheinlichste Wert ist, dann unterliegen die Abweichungen der Einzelbeobachtungen von diesem Mittelwerte dem Fehlerwahrscheinlichkeitsgesetze, welches uns besagt, daß die geringeren Abweichungen häufiger, die größeren Abweichungen von diesem Mittelwerte seltener sein müssen. Als Genauigkeitsmaß für unsere ganzen Arbeiten kann nun zunächst die durchschnittliche Abweichung von diesem Mittelwert $= \frac{\Sigma v}{n}$ dienen, oder besser bei nur wenigen Beobachtungen die Summe aller Abweichungen Σv dividiert durch $n - 0{,}5$; also $t = \pm \frac{\Sigma v}{n - 0{,}5}$. Haben wir nun die durchschnittliche Abweichung oder den „durchschnittlichen Fehler“ in dieser Weise bestimmt, dann gibt die nachfolgende Tabelle eine Übersicht über die Größe und Anzahl der verschiedenen Abweichungen, welche nun auch bei einer Wiederholung unseres Experiments eintreten müssen.

Fehlerwahrscheinlichkeits-Tabelle

In 100 Fällen liegt die folgende Anzahl der Beobachtungen zwischen dem Mittelwerte — dem Vielfachen von t und dem Mittelwerte + dem Vielfachen von t:

t	%	t	%	t	%	t	%
0,1	6,4	1,1	61,9	2,1	90,5	3,1	98,6
0,2	12,6	1,2	66,0	2,2	92,0	3,2	98,9
0,3	18,8	1,3	69,9	2,3	93,5	3,3	99,1
0,4	25,0	1,4	73,5	2,4	94,4	3,4	99,3
0,5	30,9	1,5	76,8	2,5	95,3	3,5	99,5
0,6	36,7	1,6	79,7	2,6	96,1	3,6	99,6
0,7	42,3	1,7	82,3	2,7	96,8	3,7	99,6
0,8	47,6	1,8	84,7	2,8	97,4	3,8	99,7
0,9	52,6	1,9	86,9	2,9	97,9	3,9	99,8
1,0	57,4	2,0	88,8	3,0	98,3	4,0	99,9

Die Zahlen in der vorstehenden Tabelle sind Prozentzahlen; sie setzen also gewissermaßen die Durchführung von hundert gleichartigen Versuchen voraus. Streng genommen, gilt auch das Fehlerwahrscheinlichkeitsgesetz nur für unendlich viele Beobachtungen; es kann nur eine um so geringere Gültigkeit beanspruchen, je weniger gleichartige Beobachtungen angestellt werden, da es ja nichts darüber auszusagen vermag, wann, also bei der wievielten der Beobachtungen z. B. gerade ein gröberer Fehler auftritt. Hierauf müssen wir später zurückkommen.

Wir sprechen dabei allgemein von einem durchschnittlichen „Fehler“, der somit unser Genauigkeitsmaß abgibt. Dabei ist keineswegs gesagt, daß für die Größe der Abweichung der Beobachter schuld ist, der mehr oder weniger gut bzw. fehlerfrei gearbeitet hat. Es ist zwar richtig, daß auch der einzelne Beobachter einen „subjektiven Fehler“ mit in seine Beobachtungen hineinträgt, aber dieser persönliche Fehler dürfte meist wohl der am wenigsten in Betracht kommende sein. Dagegen können die Abweichungen, welche die sog. Fehler bedingen, bereits in der mehr oder minderen Gleichartigkeit des Ausgangsmateriales liegen, dann in der Apparatur, die vielleicht für derartige Messungen zu roh ist, dann in der Reinheit der chemischen Reagentien und in a. m.

Geht man so bei derartigen Versuchen den einzelnen Fehlerquellen nach, so kann man sie, indem man die Methode stets dort verbessert, wo sich bei irgendeiner Manipulation die gröbsten Fehler einstellen, ganz wesentlich verfeinern. Vor 40 Jahren lag mir so daran, die Stickstoffumsetzungen im Boden zu studieren, welche durch die freilebenden Bakterien in diesem bedingt werden[38]. Das war nun nach der alten Kjeldahlmethode nicht möglich; wir verfolgten darum hier den ganzen Analysengang in seinen einzelnen Teilen und fingen dazu von hinten an. Wir bestimmten so den Fehler der Titration, dann den der Destillation; hier wieder den des benutzten destillierten Wassers, den der Alkalilöslichkeit des Glases, den der verwendeten Natronlauge; gingen dann endlich zur Destillation einer Ammonsulfatlösung über; kamen sodann zur blinden Reduktion des Salpeterstickstoffs, zur Reduktion und Destillation einer Kaliumsalpeterlösung, zur Bestimmung des Stickstoffgehaltes einer Ammoniumnitratlösung und dann endlich zur Gesamtstickstoff-Analyse. Dadurch, daß ich nun, dabei von hinten anfangend, immer den einzelnen Fehlern nachging, wurde es mir möglich, diese, wenn sie den von mir erhofften Grenzwert von $\pm$ 1% N überschritten, zu verringern und so diese Analyse tatsächlich so genau auszubauen, daß man jetzt 0,001 g N mit dieser Genauigkeit von 1%, also mit einem Fehler von $\pm$ 0,00001 g N genau ausführen konnte, was für die betreffenden Arbeiten notwendig war.

Hier, wie meist bei physikalischen und chemischen Experimenten, arbeiten wir nun mit der Möglichkeit, diese Versuche beliebig oft zu wiederholen, und so den einzelnen „Fehlern“ einer Methode nachzugehen, um sie zu eliminieren. Das ist nun leider bei Ertragsversuchen technisch nicht möglich, und hier liegen die schwierigsten Probleme, die unsere Wissenschaft jahrzehntelang beschäftigt haben.

Der Pflanzenertrag ist eine Größe, die gleichzeitig von außerordentlich vielen Variablen, den sog. Wachstumsfaktoren, bedingt wird. Will man so hier ein Experiment, bei dem man die Abhängigkeit des Ertrages von einer dieser Variablen studieren will, wiederholen, so müßte man dann auch alle anderen Variablen, die man z. T. wohl noch gar nicht kennt, der Konstellation bei dem ersten Experiment ganz gleich gestalten. Und das kann man leider nicht! — Setzt man so z. B. derartige Versuche, die man nachkontrollieren möchte — wenn man also eine Unsicherheit merkt — auch nur 14 Tage später, wenn diese in Erscheinung tritt, von neuem an — hatte man z. B. so bei einer Versuchsserie ein Gefäß vergessen einzusäen, was erst beim Aufgehen der Saat in Erscheinung tritt! — dann sind bereits eine ganze Reihe klimatischer Wachstumsfaktoren, so Licht und Wärme, in dieser kurzen Zeit ganz andere geworden und die Ergebnisse *nicht* mehr mit den ersten vergleichbar! — Wir müssen und können darum unsere ganzen Kontrollversuche stets nur *gleichzeitig und nebeneinander* ansetzen, und müssen selbst dann noch dafür sorgen, daß alle anderen Wachstumsfaktoren während der ganzen langen Vegetationszeit bei diesen zu vergleichenden Versuchen durchaus die gleichen bleiben! Wir können also an eine „Wiederholung" unseres Experimentes überhaupt nicht denken, sondern sind lediglich auf gleichzeitig angestellte Parallelversuche und auf ihre mehr oder weniger gute Übereinstimmung angewiesen! — Derartige Parallelversuche sind nun zwar von mir und PAUL EHRENBERG auch mal im großen angestellt und durchgeführt worden, um den Nachweis zu erbringen, daß auch für diese Probleme der Ertragsbestimmung das Gaußsche Fehlerwahrscheinlichkeitsgesetz Gültigkeit hat; doch das sind spezielle Ausnahmefälle, mit Hilfe derer wir diesen Nachweis erbringen mußten! In der Regel wird man, wenn man auf unserem Gebiet wissenschaftlich weiterkommen will, nicht einen derart großen Apparat hierfür aufzuwenden vermögen. Man wird sich meist bei Gefäß- wie bei Feldversuchen auf vier oder sechs derartige Parallelversuche beschränken und vielleicht nur dann noch diese Zahl erweitern, wenn man zuvor weiß, daß dem zu erwartenden Ergebnis eine größere Unsicherheit anhaftet.

Und schon tritt wieder an uns die Frage heran: Ist denn dann überhaupt die Anwendung der Fehlerwahrscheinlichkeitsrechnung noch für uns berechtigt? — Der Mathematiker wird hier mit einem klaren „Nein!" Antwort geben; aber wir? — Wir gebrauchen unbedingt ein „Genauigkeitsmaß", um uns über den Wert unserer Untersuchungen zu informieren und die weiteren Konsequenzen daraus zu ziehen!

Wenn man nun leider immer nur wenige Parallelversuche bei der Erforschung von Erträgen anzustellen vermag, dann sind das gewissermaßen stets die ersten einer (nicht ausgeführten!) unendlich langen Reihe; und, da uns nun die Wahrscheinlichkeitslehre nichts darüber auszusagen vermag, *wann* eine gröbere Abweichung bei unseren Versuchen auftreten muß, so kann es sehr gut sein — wenn es auch durchaus nicht direkt wahrscheinlich ist — daß diese gröbere Abweichung bereits bei diesen ersten Beobachtungen vorkommt. — Da das immerhin möglich ist, so folgt daraus, daß unser Genauigkeitsmaß, die „durchschnittliche Schwankung", wie ich es seinerzeit genannt habe, als solches auch keineswegs absolut sicher bestimmbar ist. — Aus diesem Grunde halte ich es aber auch für durchaus überflüssig, wenn man hierfür, wie es z. B. die Pflanzenzüchter noch heute tun, den „mittleren Fehler", der aus den Quadraten der einzelnen Abweichungen vom Mittelwert berechnet wird, oder wenn man auch aus diesem oder dem durchschnittlichen Fehler durch Multiplikation mit 0,674 bzw. 0,845 den „wahrscheinlichen Fehler" „r" berechnet, der ja dadurch charakterisiert ist, daß zwischen $M + r$ und $M - r$ genau die Hälfte aller Beobachtungen liegen müssen. Unser Genauigkeitsmaß kann durch alle diese Berechnungen nicht genauer werden, und darum sollte man sich seine Berechnung so einfach wie nur möglich machen und sich mit der Berechnung der „durchschnittlichen Schwankung" begnügen!

Seit ich zusammen mit Hermann Rodewald und Theodor Pfeiffer die Fehlerwahrscheinlichkeitsrechnung in unsere Landwirtschaftswissenschaft vor ungefähr 40 Jahren eingeführt habe, wurden so die verschiedensten Fehler berechnet, und es gibt heute kaum eine Arbeit in unserem Schrifttum, in der nicht irgendwelche derartige Fehler angegeben sind. Aber — und das ist charakteristisch dafür, wie die meisten Forscher diesem Problem gegenüberstehen — sie halten es nur für nötig, mit Hilfe dieser Angabe gewissermaßen ein Bild für die Genauigkeit ihrer eigenen Arbeit zu geben, ohne daß sie mit diesen Schwankungen je weiter gearbeitet hätten! — Hier endlich etwas Wandel zu schaffen, soll mit die Aufgabe dieser Arbeit sein.

Wiederum liegt die große Schwierigkeit unseres Problems darin, daß wir unsere Versuche auch im folgenden Jahr nie wieder in ganz der gleichen Weise zu wiederholen vermögen, da bereits im nächsten Jahr eine ganze Reihe der anderen Variablen, der anderen Wachstumsfaktoren, wieder anders gestaltet sein wird. — Und doch stellen wir ja alle unsere Versuche für die landwirtschaftliche Praxis an, um für sie daraus die möglichen Schlußfolgerungen zu ziehen, obwohl diese ja selbst im nächsten wie in jedem der folgenden Jahre wiederum unter ganz anderen Vegetationsbedingungen arbeiten wird und arbeiten muß! — Es muß dazu also unbedingt die Möglichkeit bestehen, die Ergebnisse unserer Ertragsversuche auf andere Vegetationsbedingungen zu übertragen und sie so von dem jeweiligen Klima und Boden mehr oder weniger unabhängig zu machen, d. h., wenn man will, sie zu „verallgemeinern"! — Das ist natürlich auch wieder nur innerhalb der Sicherheit unserer Versuchsergebnisse möglich. Zwei Beispiele mögen hierfür angeführt werden, der sog. Düngungsversuch und der sog. Sortenanbauversuch; von den wesentlich komplizierteren Bodenbearbeitungsversuchen u. a. mag hier zunächst abgesehen werden.

Beim *Düngungsversuch* wird im Versuchsjahr in Versuchsgefäßen oder im freien Land festgestellt, welche Ertragssteigerung durch eine bestimmte Düngermenge erzielt werden kann. — Dieses Ergebnis ist zunächst nicht irgendwie auf das nächste Jahr zu übertragen, selbst, wenn wir dabei unter ganz den gleichen Bodenverhältnissen arbeiten würden. Ist nämlich die Witterung im nächsten Jahr besser, dann werden auch die Ertragssteigerungen, die man durch die gleiche Düngermenge erhält, größere werden, andererseits wurden dem Boden ja durch die Ernte des Vorjahres Nährstoffe entzogen, wodurch wiederum der Düngungseffekt ein anderer werden muß. Auch bauen wir im zweiten Jahr vielleicht eine andere Feldfrucht an, die ganz andere Erträge zeitigt wie die, welche wir bei dem Versuch benutzten! Qualitativ glaubte man ja düngen zu müssen, wenn bei einem Felddüngungsversuch eine Ertragssteigerung eingetreten war; was man aber quantitativ zu düngen hatte, entzog sich jeder Berechnung, ja jeder irgendwie begründeten Annahme!

Hier hat nun die Erkenntnis des Wirkungsgesetzes der Wachstumsfaktoren Wandel geschaffen, welches besagt, daß der Pflanzenertrag unter sonst gleichen Vegetationsbedingungen proportional dem an einem Höchstertrage noch fehlenden Ertrage steigt, ganz gleich, wie sich bei dem Versuch alle anderen Wachstumsfaktoren gestalten, welche Kulturpflanze wir beobachten, in welchem Boden wir arbeiten und unter welchen klimatischen Bedingungen unsere Pflanzen wachsen. Alle diese anderen Wachstumsfaktoren bedingen zwar die jeweilige Höhe des Höchstertrages, den wir mit Zugabe des betreffenden Nährstoffes erreichen, sie beeinflussen aber nicht die Ertragssteigerung in *Prozenten* des jeweiligen Höchstertrages, die wir mit einer bestimmten Nährstoffgabe erhalten müssen. Diese ist dann nach dem Gesetz lediglich bedingt durch den jeweiligen Nährstoffgehalt des Bodens. Sie wird hier um so größer sein, je weniger ein Boden davon enthält, und um so geringer, je mehr er damit angereichert ist. Danach hört die Ertragssteigerung naturgemäß auch bei einem bestimmten Nährstoffgehalt des Bodens auf, der nun für alle Pflanzen, für jeden Boden und jedes Klima für den einzelnen Nährstoff stets der gleiche sein muß. Die prozentische Ertragssteigerung ist also bedingt durch den jeweiligen Nährstoffgehalt des Bodens, den man umgekehrt aus ihr so ermittelt! Dann kann man auch dem praktischen Landwirt sagen, um wieviel Prozente er seine Erträge durch eine beliebig große Düngergabe dieses Nährstoffes zu steigern vermag, und damit sind wir nun in der Lage, das Ergebnis des einen Jahres auf das folgende Jahr und in die Praxis zu übertragen. Wohl gemerkt, wir können dem Landwirt nie angeben, wie hoch der Mehrertrag sein muß, den er durch eine bestimmte Düngermenge erzielen wird, da die absolute Höhe desselben ja auch von allen anderen Wachstumsfaktoren mit bedingt wird; wir können ihm nur sagen, daß durch eine bestimmte Nährstoffmenge sein Ertrag um so und so viele Prozente gesteigert wird. Das ist aber auch ein Ergebnis, welches der betreffende Landwirt quantitativ auszuwerten vermag, wenn er die Höhe der Ernteerträge kennt, welche er im Durchschnitt der Jahre auf dem betreffenden Boden erzielen konnte.

Nun, die Unterlage hierfür bildet wieder die Durchführung des Ertragsversuches, und diese ist wiederum dadurch so überaus schwierig und mit Fehlern behaftet, weil das Experiment verlangt, daß bei den vergleichenden Versuchen, beim gedüngten wie beim ungedüngten, alle anderen Wachstumsfaktoren während der ganzen langen Vegetationszeit, also meist über drei Monate hindurch, völlig gleichgehalten werden müssen, damit man die Wirkung der einen Variablen auch quantitativ auszuwerten vermag. Das ist bei einem physikalischen Experimente, bei einer chemischen Analyse einfacher, da sich hier die Arbeiten immer nur über kurze Zeiträume erstrecken und ferner nicht derart unzählige andere Faktoren einen Einfluß auf das Experiment ausüben werden!

Das Experiment selbst läßt sich, wenn es für die landwirtschaftliche Praxis ausgenutzt werden soll, auf zweierlei Weise ausführen, von denen eine jede ihre Vorteile und ihre Nachteile hat; nämlich einmal als Gefäßversuch und ein andermal als Freilandversuch.

Bei *Gefäßversuchen* nimmt man zwei gleichgroße Gefäße, die man mit gleichen Mengen genau des gleichen Bodens anfüllt, den man mit den anderen Nährstoffen bis auf den, dessen Wirkung man feststellen will, ganz in gleicher Weise versorgen kann. Diese Gefäße werden zur gleichen Zeit eingesät, dann so nebeneinander aufgestellt, daß beiden die gleichen klimatischen Wachstumsfaktoren, so vor allem auch die gleichen Lichtmengen, zukommen; sie werden dann zur gleichen Zeit wieder abgeerntet und die Ernte getrocknet und gewogen. Das läßt sich alles gleichmäßig quantitativ ausführen. Die Hauptschwierigkeiten dieser Versuche liegen nun aber in der Wasserhaltung dieser Gefäße während der langen Vegetationszeit, denn durch sie werden die gröbsten Fehler leicht verursacht. Anfangs kann man, wenn man auch die Gewichte dieser beiden Gefäße gleichhoch gestaltet hat, was man durch Einlegen von Quarzsteinen leicht durchzuführen vermag, die Gefäße alle Tage wägen und auf der Waage, oder auch nachdem volumenmäßig, die verdunsteten Wassermengen wieder durch Gießen ersetzen. Das geht aber nur ein bis zwei, höchstens drei Wochen; denn man wiegt ja stets die Pflanzen, die in den Gefäßen wachsen, mit, und, wenn hier die in dem einen Gefäße nun infolge der andersartigen Behandlung üppiger werden, dann würden ja diese Gefäße bei weiterem gleichmäßig gewichtsmäßigem Gießen weniger Wasser erhalten! — Um das zu vermeiden, und weil Versuche gezeigt hatten, daß man um so höhere Erträge erzielen muß, je mehr Wasser man den Pflanzen zur Verfügung stellt, habe ich dann die Pflanzen alle Tage stets so weit mit Wasser versorgt, daß der Boden mit Wasser gesättigt war, und, da wir ja in jedem der Gefäße auch die gleichen Mengen des gleichen Bodens hatten, so war damit zunächst diese Fehlerquelle beseitigt. Hält man nun aber den Boden bei voller Wasserkapazität, dann muß man, um das zu erkennen, alle Tage so viel Wasser zugeben, daß das Wasser soeben auch aus dem Gefäß unten ausfließt. Ich habe dazu eigene Gefäße aus emailliertem Eisenblech konstruiert (s. Abb. 6b), die unten ein größeres Loch haben, welches mit einer runden, nach oben gewölbten Blechplatte abgedeckt wird, so daß das Wasser zwischen Gefäßboden und Platte glatten Abfluß hat. Nun lag aber wiederum die Gefahr vor, daß mal durch das eine Gefäß mehr als durch das andere Wasser hindurchging, und daß *dadurch* wiederum Fehler in unsere Versuche hineinkamen, daß mit dem Wasser gelöste Nährstoffe, so vor allem Stickstoff ausgewaschen wird. Das mußte wiederum vermieden werden und führte dazu, daß man an jedem Tage vor dem Gießen die durchgeflossenen Wassermengen wieder in das Gefäß zurückgab. Dabei mußte man wiederum vermeiden, daß diese Mengen noch durch das außen an das Gefäß anschlagende und so in den Untersatz gelangende Regenwasser unnötig weiter vergrößert wurden. Ich habe darum den Gefäßen einen Fuß gegeben, der den Untersatz gegen Regen abschirmt und habe ferner die Gefäße auf einen Halter gestellt, der es ermöglicht, die Untersätze unter dem Gefäße zum Zurückgießen des Wassers herauszuziehen, ohne daß dazu das Gefäß selbst angehoben zu werden braucht. So kann man nun täglich vor dem erneuten Gießen leicht die durchgeflossene Wassermenge in das Gefäß zurückgeben. — Diese Gefäße sind zu Hunderttausenden angefertigt worden (Firma: Gebrüder Baumann, Stanz- und Emaillierwerke in Amberg, Obpf. in Bayern) und haben im Inlande wie überall im Auslande weiteste Verbreitung gefunden (s. Abb. 6).

Und doch ist der Versuchsfehler hier noch keineswegs völlig beseitigt! — Stehen diese Gefäße z. B. im Freien und regnet es stark, so werden sich auch die gegen Regen abgeschirmten Untersätze sehr mit dem durch den Boden durchgeflossenen Wasser anfüllen. Dieses kann man dann oft erst in Tagen wieder völlig zurückgeben, da erst dann die gewachsenen Pflanzenmassen entsprechende Mengen verdunstet haben! Dabei treten nun dadurch wieder Fehler auf, daß das Zurückgeben des Wassers in den Gefäßen, in denen die Pflanzen geringere Massen gebildet hatten, oft viele Tage länger dauert, und daß diesen dadurch auf längere Zeit die gelösten und ausgewaschenen Nährstoffe entzogen werden, ja, daß z. B. auch Stickstoffmengen in den Untersätzen unterdessen bakteriellen Umsetzungen und Verlusten ausgesetzt sein können! — Das kann man dann schließlich nur vermeiden, wenn man derartige Gefäßversuche vor Regen zu schützen vermag, indem man sie auf Wagen aufstellt, die man gegebenenfalls unter ein Glasdach fahren kann.

Aus alledem ergibt sich, daß der Fehler der Ertragsversuche, die in Gefäßen durchgeführt werden, doch unter Umständen die angestrebte Höhe von 1% der gemessenen Größe überschreitet.

Die zweite Methode der Ertragsermittelung ist der *Freilandversuch.* Hier wird auf zwei benachbarten Teilstücken zur gleichen Zeit gesät und geerntet. Der Boden wird zuvor in gleicher Weise gedüngt und zur Saat hergerichtet; die klimatischen Wachstumsfaktoren sind die

Das Vegetationsgefäß

Der Pflanzenhalter *a* (aus Draht) steht auf dem Fuße des Gefäßes *b*

Das Gefäß *b* kann auf

dem Untersetzer *c* stehen, den es gegen Regen bedeckt;

er kann aber auch auf dem Gefäßhalter *d* aufgestellt werden, so daß man unter ihm den Untersatz *c* ein- und ausschieben kann.

Das Gefäß von innen gesehen mit dem Loch am Boden, das durch eine kreisrunde, nach oben etwas gewölbte Einlegscheibe *e* überdacht wird. Der Gefäßboden hat nach dem Loch zu etwas Gefälle

Die Einlegscheibe *e* im Schnitt

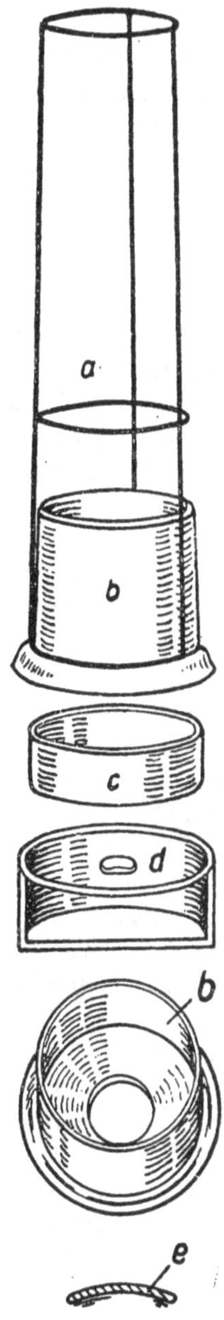

Abb. 6.

gleichen; auch für die gleichmäßige Verabfolgung der Wassergaben sorgt der Himmel. So scheinen diese Versuche zunächst viel bessere Ergebnisse zeitigen zu müssen. Doch stellt sich hier ein anderer Fehler ein, den wir beim Gefäßversuch ausschalten konnten. Er wird bedingt durch die Ungleichartigkeit des Bodens im Felde, die selbst auf nahe Entfernung festgestellt werden kann. Diese kann äußerlich wohl manchmal erkennbar sein, so daß man derartige Flächen naturgemäß nicht zu diesen Feldversuchen verwendet; aber wenn man auch auf anscheinend ganz gleichmäßigem Boden die vergleichenden Versuche anlegt, so können hier doch bereits pflanzenphysiologisch große Unterschiede in der Bodenbeschaffenheit vorliegen, die man nicht zu sehen vermag, so z. B. im Nährstoffgehalt, in der wasserhaltenden Kraft des Bodens und auch in der Beschaffenheit des Untergrundes. Ich hatte darum in einem früheren Vortrage gezeigt, wie man diesen Fehler dadurch umgehen kann, daß man stets nur die Pflanzenerträge von zwei eng benachbarten Teilstücken miteinander vergleicht, daß man darum diese Teilstücke möglichst klein wählen muß und sie, so nah wie nur möglich, aneinander zu legen hat, da man nur die einzige Voraussetzung hier zu machen vermag, daß der Boden möglichst dicht um einen Punkt oder auch um eine Linie herum am gleichmäßigsten ist. Immerhin werden wir auch hier diese Versuche, um uns über die Sicherheit der Ertragsfeststellungen zu unterrichten, möglichst oft nebeneinander wiederholt anstellen. Der Feldversuch hat nun vor dem Gefäßversuch den großen Vorteil, daß er auch die Beschaffenheit des Untergrundes mit berücksichtigt, andererseits gilt sein Ergebnis aber auch streng genommen nur für die Stelle, auf der dieser Versuch durchgeführt wurde. Schon in dem Augenblick, wo wir sein Ergebnis auf den ganzen Schlag hin übertragen, begehen wir eine zu frühe „Verallgemeinerung"! Wir müßten darum derartige Versuche in ganz gleicher Weise bereits auf verschiedenen Stellen des gleichen Schlages durchführen; doch damit stoßen wir naturgemäß in der Praxis, für welche diese Versuche sein sollen, bereits häufig auf unüberwindbare, technische Schwierigkeiten! Das ist bei den Gefäßversuchen besser; denn für diese können wir von dem ganzen Schlage zunächst eine gute Durchschnittsprobe erhalten, indem wir an 50 möglichst gleichmäßig über das Feld hin verteilten Stellen gleiche Bodenmengen entnehmen und diese zu einer guten Durchschnittsprobe für die Untersuchung vereinen.

Dafür besagt uns aber naturgemäß der Gefäßversuch noch nichts über den Nährstoffgehalt des Untergrundes, und, wenn wir z. B. bei zahlreichen Versuchen fanden, daß dieser wohl noch ebenso hoch einzuschätzen ist, wie der einer Krumenschicht von 15 cm Höhe, die wir bei den Gefäßversuchen untersuchen, so kann das naturgemäß in anderen Gegenden, in anderen Ländern ganz anders sein. So fand z. B. Professor KIRSSANOFF, daß in einigen Gegenden von Rußland siebenmal soviel Phosphorsäure im Untergrunde war, als in dieser Krumenschicht! — Immerhin müssen wir hier, um den Nährstoffgehalt, den wir beim Gefäßversuche feststellen, auf das freie Land zu übertragen und daraufhin die zu gebende Düngermenge zu bestimmen, bei uns zunächst die obige Annahme zugrunde legen.

Endlich erhalten wir nur ein Ergebnis aus unseren Ertragsversuchen, wenn wir eine Ertragssteigerung feststellen können. Bleibt diese aus, so besagt das nur so viel, daß für das Versuchsjahr genügende Mengen des betreffenden Nährstoffes im Boden waren. Ob diese noch für das nächste Jahr ausreichen werden, kann man nicht mehr feststellen. Darum müßte in solchem Falle auch der Felddüngungsversuch alle Jahre wiederholt werden. Beim Gefäßdüngungsversuch, wo wir ja nur die halben Nährstoffmengen in unserem Krumenboden haben, würde der Nährstoffgehalt im Feld dann auch noch für das nächste Jahr ausreichen. Um nun den Nährstoffvorrat auch für mehrere Jahre noch zu ermitteln, habe ich bei dem Gefäßversuch den Krumenboden auf eine Schicht von 5 cm Höhe, d. h. noch auf den dritten Teil reduziert, indem ich die Gefäße nur mit ein Drittel des Volumens mit dem betreffenden Boden füllte, und diesen zuvor mit zwei Drittel des Volumens eines völlig nährstofffreien Sandes vermengte. Tritt nun dabei auch noch keine Ertragssteigerung ein, so muß der Nährstoffvorrat jetzt für (6 minus 1, also für) 5 Jahre ausreichen! Hierin liegt wieder der große Vorteil der Gefäßmethode; der Versuchsfehler wird dadurch nicht größer, im Gegenteil eher geringer, denn die Ertragsdifferenz wird wesentlich vergrößert.

Wenn wir nun mit einer dieser Methoden zur Ertragsfeststellung mit Hilfe des Wirkungsgesetzes den Nährstoffgehalt des betreffenden Bodens bestimmen und dem betreffenden Landwirte daraufhin sagen können, was er mit einer bestimmten Düngung an Ertragssteigerung in Prozenten des jeweiligen Ertrages zu erwarten hat, dann ist das naturgemäß erst möglich, nachdem wir das Wirkungsgesetz kennengelernt haben und als erste Annäherung an die Wirklichkeit annehmen. Wir müssen uns darüber klar sein, daß, wenn man das nicht tut — und das Für und Wider hat hier jahrzehntelang unsere Literatur beschäftigt — daß man dann gar nichts Quantitatives aus all den Düngungsversuchen, die man anstellt, zu folgern vermag!

Der Umstand aber, daß wohl 15 Jahre lang Düngungsversuche in 23000 Kulturgefäßen durchgeführt wurden, und daß unsere Landwirschaft dort damit trotz der Ungunst des Klimas die allerbesten Erfahrungen gemacht hat und mit an der Spitze aller deutschen Lande in ihrer Produktion stand, spricht wohl dafür, daß wir hier auf dem richtigen Wege sind; und der Umstand, daß sich dem auch 28000 Düngungsversuche unserer großen Düngerindustrien fügen mußten, die wahrlich nicht zu *diesem* Zwecke angestellt worden waren, spricht ferner durchaus dafür, in dieser Richtung für unsere Praxis weiter zu arbeiten, auch wenn die Versuchsfehler, mit denen wir hier, wie wir sahen, arbeiten müssen, immer noch verhältnismäßig große sein werden.

Gefäß- wie Feldversuche sollten natürlich auch für die Düngerberatung stets mit Parallelversuchen angestellt werden, damit man die dabei auftretenden durchschnittlichen Schwankungen erkennt und sie mit in Rechnung zu ziehen vermag; denn ihre Ergebnisse haben naturgemäß nur innerhalb dieser Schwankungen Gültigkeit. — Diese Forderung ist nun heute ganz besonders schwer zu erfüllen. Zunächst haben wir keine Gefäße und keine Gefäßstationen, um dem Landwirte diese Arbeit abnehmen zu können und den Boden auf seinen Nährstoffvorrat zu untersuchen! — Wir müssen aber hier in unserer Landwirtschaft unbedingt *bald* weiterkommen, um unsere Erträge zu steigern; und da bleibt nun nichts weiter übrig, als daß jeder Landwirt auf seinem eigenen Felde einen derartigen Düngungsversuch durchführt, der ihm ja so einfach wie nur irgend möglich gemacht werden soll! — Dabei wird man andrerseits wohl verstehen, daß man einem einfachen Landmanne, der nie mit derartigen Dingen gearbeitet hat, nicht gleich mit der Forderung von Parallelversuchen kommen kann, sondern froh sein muß, wenn er überhaupt erst anfängt, derartige Versuche im eigensten Interesse durchzuführen. In ein oder zwei Jahren wird das schon besser sein, und schließlich wird ein derartiger Versuch für den Landwirt ein Handwerkszeug werden wie der Pflug und der Spaten!

Wir werden also damit rechnen müssen, daß vielleicht — hoffentlich Hunderttausende — derartiger Düngungsversuche durchgeführt werden, und zwar zunächst ohne Parallelversuche! — Dabei können wir aber auch hier bei der großen Zahl von Versuchen die Wahrscheinlichkeitsrechnung anstellen und annehmen, daß im Mittel aller Versuche dann doch, wie das auch im Staatsinteresse liegt, ein Ergebnis für die gesamte Düngerbedürftigkeit unserer Länder dadurch gezeitigt wird, wenn auch das Einzelergebnis mal für einen Landwirt mehr oder weniger richtig ausfallen mag!

Im vorigen Jahre, wo unsere Feldversuchsanstellung zum ersten Male im großen durchgeführt wurde, haben sich leider verschiedentlich gröbere Fehler eingestellt, die aller Voraussicht nach auf das zu diesen Versuchen benutzte Saatgut zurückzuführen sind. Da die einzelnen Teilstücke, um auf gleichartigem Boden zu arbeiten, sehr klein sind, so daß bei Kartoffelversuchen z. B. meist nur hundert Pflanzen stehen werden, muß naturgemäß das Saatgut von allerbester Qualität sein; hier mit bereits abgebauten Kartoffeln zu arbeiten, ist völlig zwecklos; es werden ja schon gröbere Fehler auftreten, wenn auf den verschiedenen Teilstücken dabei eine verschieden große Anzahl von Pflanzen ausgegangen ist, was sicher bei den Flächenerträgen dann irgendwie berücksichtigt werden muß!

Düngungsversuche

Um bei Düngungsversuchen den gröbsten Fehler, der durch die ungleichartige Beschaffenheit des Bodens über die Erdfläche hin ent-

0	1	2	3	4	5	6	7	8	9	10	0
×	—	+ P	—	+ P	—	+ P	—	+ P	—	+ P	×
×	—	+ K	—	+ K	—	+ K	—	+ K	—	+ K	×

0 = × sind dabei ungedüngte Teilstücke, die zum Ausgleich der Lichtintensität für Teilstücke 1 und 10 erforderlich sind.

steht, zu beseitigen, ist es angebracht, stets nur die Erträge von zwei kleinen, eng benachbarten Teilstücken miteinander zu vergleichen und festzustellen, um wieviel Prozente der Ertrag des ungedüngten Teilstückes durch die betreffende Düngung gesteigert wurde (vgl. „Die Ertragsgesetze“ Seite 17). Die beste Versuchsanordnung zur Feststellung des Phosphorsäure- (P) und des Kali- (K) Gehaltes des Bodens ist dann die folgende, bei der so je neun Ertragssteigerungen ermittelt werden:

Sortenanbauversuche:

Bei Gefäßversuchen lassen sich nun leicht größere Versuchsreihen nach den verschiedensten Richtungen hin durchführen; bei den Feldversuchen bereitet uns aber hier wiederum die ungleichartige Beschaffenheit des Bodens die größten Schwierigkeiten und führt zu den gröbsten Fehlern; auf einen derartigen Fall, der in unserer landwirtschaftlichen Wissenschaft für unsere Praxis eine große Rolle spielt, möchte ich hier besonders eingehen. Es handelt sich um Sortenanbauversuche, bei denen z. B. 20 Sorten oder Züchtungen der gleichen Pflanze auf einmal auf ihre Ertragsfähigkeit hin nebeneinander geprüft werden sollen. Hierbei müssen natürlich auch alle anderen Wachstumsfaktoren während der ganzen Vegetationszeit bei allen Versuchsteilstücken wieder die gleichen sein! 20 Sorten bedeuten 20 verschieden bestellte Felder! Nehmen wir diese auch denkbar klein, so rückt der Versuch damit doch weit über das Feld hin und schließt damit grobe Fehler der Ungleichartigkeit des Bodens ein. Wir wollen sehen, wie wir uns in diesem Falle helfen können und was wir auch schließlich unter Ausnutzung der gefundenen Schwankungen aus den Ergebnissen folgern müssen. Es ist also durch den Versuch die Frage zu lösen: Welche von vielleicht 20 nebeneinander im Vergleich angebauten verschiedenen Sorten der gleichen Kulturpflanze am anbauwürdigsten sind, d. h. also in Zukunft die höchsten Erträge erwarten lassen.

Bei Getreide legen wir so Teilstücke von einmal 10 Meter, bei Kartoffeln z. B. solche von 2,5mal 10 Meter aus. Um die verschiedenen Sorten möglichst auf gleichmäßigem Boden anzubauen, teilen wir sie in vier Gruppen, wobei bei jeder dieser Gruppen die gleiche Standardsorte mit angebaut wird. So haben wir in einem Block die Sorten

St + 1 bis 5, im zweiten St + 6 bis 10; im dritten St + 11 bis 15 und im vierten Block die Sorten St + 16 bis 20 (s. Tabelle). In jedem Block werden dann in der gleichen Reihenfolge die sechs Sorten sechsmal nacheinander eingesät. Vor dem ersten Teilstück, wie nach dem letzten, muß nochmals ein Teilstück, das nicht abgeerntet wird, mit dem Anbau der Standardsorte angelegt werden, damit das erste und das letzte quantitativ zu erntende Versuchsteilstück ebenso zum Wachstumsfaktor Licht stehen, wie alle anderen Teilstücke; dagegen empfiehlt es sich, an den Schmalseiten der Teilstücke zur besseren Beobachtung Wege entlangzuführen. — Die Teilstücke werden alsdann sämtlich weiter in gleicher Weise behandelt. Zur Ernte wird jede Parzelle für sich geerntet und sogleich gewogen; das Gewicht wird, so wie die Parzellen auf dem Felde lagen, in ein Buch eingetragen. Zur Ermittelung des Versuchsfehlers genügt jeweils *dieses Gesamtergebnis*; zur Ermittelung des Kornertrages müssen dagegen alle Erträge der gleichen Sorte von allen Teilstücken zusammengetan, gewogen und zusammen gedroschen werden, um das Verhältnis vom Kornertrag zum Strohertrag feststellen zu können. Bei der Verarbeitung der Erträge ging man nun früher so vor, daß man die mit der gleichen Sorte erzielten Ernten mittelte und den Fehler dieses Mittels errechnete. Wenn nun auch die mit der gleichen Sorte bestellten Teilstücke sehr gleichmäßig über die ganze Versuchsfläche hin verteilt waren und so immerhin vergleichbare Mittelwerte abgeben mußten, so übersah man doch ganz, daß der Versuchsfehler infolge der Bodenungleichheit derart groß werden mußte, daß man mit den Ergebnissen nur wenig anfangen konnte. Denn die ganze ungleiche Bodenbeschaffenheit, welche sich über das ganze Versuchsfeld erstreckt, wurde hier ja in den Fehlern mit erfaßt. Statt daß wir nun die Erträge der *gleich*behandelten Teilstücke, so hier z. B. von 1, 7, 13, 19, 25 und 31 zusammenfassen, habe ich nun, um den Fehler, der durch die ungleiche Beschaffenheit des Bodens bedingt wird, nach Möglichkeit auszuschalten, stets nur die Erträge der *verschieden* behandelten, eng nebeneinander liegenden Teilstücke zusammengefaßt, von Teilstücken, die also möglichst dicht um einen Punkt oder eine Linie herumliegen[39]. Zur Verarbeitung des Versuchsergebnisses wird dabei in unserem Falle zunächst jeder Block für sich herangezogen, und zwar werden stets nur die Erträge von den je sechs nebeneinander liegenden Sorten miteinander verglichen, da diese mit größter Sicherheit unter gleichen Bodenverhältnissen gebildet wurden. So hat Block I die Erträge des 1. bis 6. Teilstückes, des 2. bis 7. Teilstückes, des 3. bis 8. Teilstückes usw. bis zu den Erträgen des 31. bis 36. Teilstückes. Ebenso verfährt man dann, je für sich, bei Block II, bei Block III und bei Block IV.

Von den je sechs miteinander zu vergleichenden Erträgen der benachbart liegenden verschiedenen Sorten wird sodann das Mittel gebildet, da das Mittel (und nicht der Ertrag der Standardsorte!) der wahrscheinlichste Wert ist, und es wird dann ferner berechnet, wie viele Prozente der Ertrag jeder einzelnen Sorte gegenüber diesem Mittelwerte ausmacht. In unserem Falle wird man so für jede der Sorten 31 derartige Prozentzahlen errechnen, die man dann als „gleichwertig" behandeln kann, sie werden also addiert, ihr Mittel und ihre durchschnittliche Schwankung wird errechnet. Letztere nach der Gleichung : $\pm t = \frac{\Sigma v}{n - 0{,}5}$, worin n = Anzahl der *Vergleiche*, hier also = 31 ist. Um dann die durchschnittliche Schwankung des *Mittels* der je sechs Parallelversuche „T" zu erhalten, ist in diesem Falle die durchschnittliche Schwankung t noch durch $\sqrt{6}$ zu dividieren. Das ist die Wurzel aus der Anzahl der Parallelversuche, die angestellt worden waren. $M \pm T$ ist dann das gesuchte Endergebnis der einzelnen Sorte.

Die so errechneten Prozenterträge und ihre durchschnittlichen Schwankungen werden dann je durch Division durch 100 und durch Multiplikation mit dem Gesamtmittel aller Erträge des betreffenden Blockes auf die effektive Höhe reduziert. Hat man das für alle 4 Blocks mit denen wir ja hier arbeiten, durchgeführt, dann wird das Mittel *sämtlicher* Standardsortenerträge gebildet und sodann die Erträge mit ihren Fehlern bei jedem einzelnen Block mit diesem Standardmittelertrage multipliziert und durch das jeweilige Mittel des in dem betreffenden Block erzielten Standardertrages dividiert. — Man erhält so das Ergebnis des ganzen Versuches und hat nun mit den so gewonnenen Zahlen weiterzuarbeiten.

Um die vorstehend beschriebene Rechenarbeit zu erleichtern, hat bereits LINDHARD, Kopenhagen[40], vorgeschlagen, statt mit den Prozentzahlen direkt mit den Differenzen der Erträge von dem betreffenden Mittelertrage zu arbeiten. Dabei muß man sich zunächst darüber klar sein, daß z. B. auf besserem Boden nicht nur die Erträge, sondern auch diese Ertragsdifferenzen höhere sein können, was hierbei

Ein Sortenanbauversuch. Schema für 20 Sorten

Sorten-Nr.: I 1—5; II 6—10; III 11—15; IV 16—20. — a = Standardsorte

Block / Teilstück-Nr.		1	2	3	4	5	6	7	8	9	10	11	12	13	14	15	16	17	18	19	20	21	22	23	24	25	26	27	28	29	30	31	32	33	34	35	36	
I	S	a	1	2	3	4	5	a	1	2	3	4	5	a	1	2	3	4	5	a	1	2	3	4	5	a	1	2	3	4	5	a	1	2	3	4	5	S
II	S	a	6	7	8	9	10	a	6	7	8	9	10	a	6	7	8	9	10	a	6	7	8	9	10	a	6	7	8	9	10	a	6	7	8	9	10	S
III	S	a	11	12	13	14	15	a	11	12	13	14	15	a	11	12	13	14	15	a	11	12	13	14	15	a	11	12	13	14	15	a	I1	12	13	14	15	S
IV	S	a	16	17	18	19	20	a	16	17	I8	19	20	a	16	17	18	19	20	a	16	17	18	19	20	a	16	17	18	19	20	a	16	17	18	19	20	S

vernachlässigt werden würde. Die Prozentzahlenrechnung ist auf alle Fälle die richtigere; sollten aber die Mittelerträge von je sechs benachbarten Teilstücken auf einem Blocke keine erheblichen Differenzen aufweisen, dann kann man natürlich diese zweiten Differenzen gern vernachlässigen. — Ich gehe hier aber noch weiter: Bei der großen Unsicherheit, mit der wir unsere Schwankungen überhaupt zu berechnen vermögen, treten hier nach meinen Untersuchungen erst dann größere Abweichungen in Erscheinung, wenn sich die Erträge von zwei Parallelversuchen in einem Block infolge der Bodenungleichheit um 100% unterscheiden, d. h., wenn das Ergebnis der Ernte einer der Parallelversuche gerade doppelt so hoch ist, wie das der Ernte eines anderen Parallelversuches. Kommt auch nur ein derartiger Fall in einem Blocke vor, dann ist die Prozentzahlenrechnung nicht zu umgehen!

Die Anwendung eines dieser Ausgleichsverfahren hat aber natürlich nur dann irgendeinen Zweck, wenn man beim Vergleich der Parallelversuchsergebnisse, welche man mit ein und derselben Sorte erzielt, deutlich erkennt, daß diese Erträge nach der Mitte oder nach einer Seite des Versuchsfeldes hin kontinuierlich zu- oder abnehmen; andernfalls kann man nicht damit rechnen, daß der Fehler, den man direkt aus den Parallelversuchen der gleichen Sorte ermittelt, irgendwie durch eine dieser Methoden verringert wird, denn dann liegt ja keine „Ungleichartigkeit in der Bodenbeschaffenheit“ vor!

Jetzt kommt es nun darauf an, auch die erforderlichen Schlußfolgerungen aus allen diesen Berechnungen zu ziehen, die weiterhin auch für die landwirtschaftliche Praxis von Wert sind. Das geht natürlich wiederum nur innerhalb unserer Versuchsfehler, die wir durch die vorhergehend beschriebene Methode auf ein geringstes Maß reduziert haben.

Die nachfolgenden Ergebnisse wurden mir neulich zugestellt; sie waren zunächst wie heute noch üblich bestimmt worden; auch hatte man die Erträge nicht auf das Mittel aller Erträge, sondern auf den Ertrag einer einzelnen Sorte, den man gleich 100 setzte, bezogen. In dieser Bezugsgröße folgen nunmehr die Erträge und ihre durchschnittlichen Schwankungen (s. nachfolgende Tabelle), die in einem Versuche mit 14 Spätkartoffelsorten erhalten wurden.

Zunächst kann man hier, da die Versuchsfehler dazu zu große sind, unmöglich sagen, welche dieser Sorten am ertragsreichsten ist, und ebensowenig, welche Sorte besser ist als die nächste!

Will man die Fehler hier richtig mit berücksichtigen, dann sollte man in der folgenden Weise vorgehen:

Wir sahen auf unserer Fehlertabelle S. 37, daß von 100 Beobachtungen 95 eine Abweichung vom Mittel aufweisen, die kleiner ist als $\pm 2{,}5 \cdot t$, und daß nur 5% noch höhere Abweichungen haben. Darum wollen wir diese $2{,}5 \cdot t$ hier als Grenzwert benutzen:

Man bildet nun das Mittel sämtlicher Sortenerträge von allen Blocks, nachdem diese mit ihren Schwankungen auf das Gesamtmittel der Standardteilstücke reduziert worden waren. — Es ist im vorliegenden Falle 84,6. — Bleibt dann eine Sorte nach Abzug ihrer 2,5fachen

Sorte	Ertrag	Gruppe	Sorte	Ertrag	Gruppe
Voran	111,6 ± 4,7	I	Priegnitzstärke	73,3 ± 2,6	III
Capella	105,6 ± 3,6	I	Ronda	73,9 ± 5,9	II
Priska	100,3 ± 2,5	I	Klädener	73,3 ± 3,8	III
Ackersegen	100,0 ± 2,8	I	Immertreu	72,4 ± 2,2	III
Merkur	95,8 ± 6,2	II	Gemma	72,1 ± 3,8	III
Ostbote	92,7 ± 3,7	II	Hilla	70,3 ± 5,4	III
Carnea	78,6 ± 5,5	II	Erika	65,3 ± 3,8	III

Der mittlere Ertrag aller dieser Sorten ist 84,6

durchschnittlichen Schwankung noch über diesem Mittelwerte, dann gehört sie in Gruppe I, d. h. zu den besseren Sorten, bleibt eine andere Sorte nach Zuzählung ihrer 2,5fachen durchschnittlichen Schwankung noch unter dem Gesamtmittel, dann gehört sie in Gruppe III, d. h. zu den ertragsärmeren Sorten; greift eine andere Sorte, nachdem man ihr die 2,5fache Schwankung zugezählt, bzw. sie abgezogen hat, mit ihren Erträgen noch über, bzw. unter den Mittelwert aller Sorten, dann vermag man aus diesem Versuche noch nicht zu ermitteln, ob die betreffende Sorte zu den besseren oder zu den schlechteren Sorten gehört.

Bei dieser Auswertung erkennt man leicht, daß, wenn die Versuchsfehler nicht vorhanden wären, alle Sorten entweder in Gruppe I oder in Gruppe III fallen müßten, und daß aus einem solchen Versuche um so weniger herauskommen kann, je größer die Versuchsfehler sind, so kann unter Umständen in einem Jahre ein derartiger Versuch, wenn die Fehler zu groß sind, völlig ergebnislos verlaufen. Mit Hilfe des oben angegebenen Ausgleichsverfahrens ist es aber möglich, die Fehler trotz einer Ungleichheit des Bodens auf ein Mindestmaß zurückzuführen, so daß immerhin ein Versuchsergebnis zu erwarten ist. Sollte es dann vorkommen, daß bei Wiederholung dieser Versuche unter anderen Vegetationsbedingungen, bei einem anderen Boden oder in einem anderen Klima, mal eine Sorte, die sonst zu Gruppe I gehört, in Gruppe III fällt, so sind daraus die Vegetationsansprüche der betreffenden Sorte zu folgern!

Bei Wiederholung derartiger Versuche im folgenden Jahre müßte man, streng genommen, genau die gleichen Sorten zu diesem Versuche heranziehen, da von ihnen ja die Höhe des Gesamtmittels bedingt wird. Häufig aber wird man schon dann Sorten, die Mindererträge ergaben, weglassen und dafür neue, bessere Sorten zuziehen, so daß der absolute Mittelwert dadurch erhöht wird. Das besagt dann so viel, daß in dem zweiten Jahre erhöhte Anforderungen an die einzelnen Sorten gestellt werden, wie es ja auch den praktischen Anforderungen entspricht.

Auch sonst sollte man erst dann etwas auf die Ertragssteigerung geben, wenn diese außerhalb der Fehlergrenzen liegt. Wir werden es dabei meist mit der Feststellung von Ertragsdifferenzen zu tun haben, deren Fehler sich aus den Fehlern der Einzelbeobachtungen t_1 und t_2 wie folgt berechnen lassen: $t_D = \pm \sqrt{t_1^2 + t_2^2}$. Bei wenigen Beobachtungen ist der so berechnete Fehler naturgemäß unsicher, und man sollte statt dessen von jeder Beobachtung des einen Versuches zu jeder des anderen Versuches die Abweichung bilden und dann aus diesen Differenzen den durchschnittlichen Fehler der Differenz errechnen. Immerhin sollte man auch hier unser Genauigkeitsmaß nicht nur als Dekorum für die eigene Arbeit betrachten, sondern mit ihm arbeiten und diejenigen Schlußfolgerungen aus den Erträgen ziehen, welche die Schwankungen zulassen. Man wird dabei aber stets zu einem um so wertvolleren Ergebnis gelangen, je kleiner unsere durchschnittliche Schwankung ist, und es wird möglich sein, diese bei unseren Erträgen bis auf $\pm$ 1% der gemessenen Größe herabzudrücken, wenn entsprechend gearbeitet wird.

Da das nun aber meist die Grenze unserer Genauigkeit sein dürfte, so verlohnt es auch nicht, unsere Ergebnisse auf mehr als auf drei zählende Stellen zu berechnen und aufzuzeichnen. Eine längere Reihe von Zahlen, die doch keine Bedeutung haben, täuscht nur eine größere Genauigkeit vor, die nicht vorhanden ist, und erschwert nur die Übersicht über das, was uns interessiert, nämlich über die Unterschiede in den Erträgen. Auch sollte man darum bei den Schwankungen nicht mehr Dezimalstellen angeben, als die Erträge selbst aufweisen; unsere durchschnittlichen Schwankungen werden ja, nach dem, was wir sahen, kaum eine größere Genauigkeit als $\pm$ 5% bis $\pm$ 10% dieser Schwankung beanspruchen können! Es war ja das auch der Grund, weswegen wir von einer Berechnung des mittleren und des wahrscheinlichen Fehlers von vornherein Abstand nahmen!

DAS GESETZ VOM ABNEHMENDEN BODENERTRAGE
und was darunter zu verstehen ist

Wissenschaft ist international! — Unser großer PLANCK hat dazu einst gesagt: „ Die Geschichte der internationalen Wissenschaft hat immer aufs neue gezeigt, daß die Wissenschaft, ebenso wie die Kunst und die Religion, zunächst nur auf nationalem Boden recht gedeihen kann. Erst von hier aus ist ein fruchtbarer Zusammenschluß der Völker zu edlem Wettbewerb möglich." Und ferner: „Unablässige wissenschaftliche Arbeit vor allem in den Einzelwissenschaften, unbeeinflußt von politischen Absichten, ist das erste und sicherste Mittel, um das Bedürfnis und den Wunsch nach Annäherung der Völker auf wissenschaftlichem Boden zu erwecken und die Forscher aller Länder zusammenzuführen, nicht als eifersüchtige Konkurrenten, sondern als treue Diener einer gemeinsamen, heiligen Sache, ein Ziel, welches LEIBNIZ schon vor mehr als 200 Jahren vor Augen sah."

Es ist sicher, daß ein junger Forscher zunächst die wissenschaftlichen Ergebnisse verarbeiten wird, welche ihm in seiner Muttersprache geboten werden und damit „national" arbeitet; andererseits werden ihn dann schon Literaturnotizen allmählich immer mehr auch auf die im Auslande auf verschiedenen Gebieten bereits durchgeführten Arbeiten aufmerksam machen, und er wird froh sein, wenn ihm diese dann, sei es durch seine eigenen Sprachkenntnisse, sei es aber auch in Übersetzungen, zur Verfügung stehen. Ganz besonders erfreulich ist es dabei, wenn der ausländische Autor selbst die Muttersprache des jungen Gelehrten beherrscht und seine Bücher und Arbeiten in dieser drucken lassen kann bzw. ihre Übersetzungen zu kontrollieren vermag! Denn vielfach werden gerade bei Übersetzungen wissenschaftlicher Werke Begriffe und Fachausdrücke unrichtig wiedergegeben, welche dann in dem betreffenden Lande stärkste Opposition hervorrufen können! Ein Beispiel hierfür, mit dem wir uns nachdem ausführlicher beschäftigen wollen, ist das „Gesetz vom abnehmenden Bodenertrage“. Hier wurden nicht nur Mißverständnisse in die russische Literatur eingebracht, sondern es gab auch wieder Deutsche, welche diese Mißverständnisse nun wieder aus der russischen Literatur zurück übernahmen, um so unbewußt die Verwirrung der Begriffe nur um so stärker zu dokumentieren. —

Im allgemeinen werden die internationalen Beziehungen zwischen den Gelehrten aller Welt am meisten gefördert durch die Internationalen Gesellschaften und Tagungen auf den einzelnen Forschungsgebieten, die nicht nur sehr viel gegenseitige wissenschaftliche Anregungen bieten, sondern auch vielfach engere kollegiale Beziehungen — ja Freundschaften — zwischen den einzelnen Persönlichkeiten zur Folge haben. —

Bevor ich nun näher auf mein Thema eingehe, möchte ich noch etwas über die heutigen internationalen Beziehungen in unserer Landwirtschaftswissenschaft sagen:

Ich las gerade jetzt eine sehr bedeutende Schrift des international berühmten sowjetischen Gelehrten D. N. PRJANISCHNIKOW „Der Stickstoff im Leben der Pflanzen und im Ackerbau der UdSSR“. Es mag wohl die letzte Arbeit gewesen sein, die der im hohen Alter kürzlich verstorbene Gelehrte der Welt geschenkt hat. — Ich habe selten ein Buch zu lesen bekommen, in dem ein Wissenschaftler von hoher Warte aus den Leistungen seiner Kollegen aus allen Ländern der Erde so gerecht geworden ist, und in dem trotzdem gleichzeitig die eigene große Lebensarbeit, wie die seiner vielen sowjetischen Schüler, ebenso sachlich wie bescheiden behandelt, gewissermaßen den roten Faden bildet, welcher sich durch das ganze Werk hinzieht! Dazu mag vielleicht beigetragen haben, daß der Verfasser auch in den verschiedensten Ländern Europas gearbeitet hatte und deren Sprache beherrschte, und daß er selbst ein Gelehrter von internationalem Rufe war, dem dadurch die Literatur zuströmte. So läßt sich denken, daß einem solchen Forscher sich jeder junge Gelehrte in der Welt durch Zusendung seiner eigenen kleinen Arbeiten bekannt machen wollte und so in den Gesichtskreis des großen Meisters trat. Dieser vermochte wohl auch dadurch den Leistungen der ausländischen Kollegen auf seinem Gebiete mehr gerecht zu werden. Auf derartige wissenschaftliche Dokumente kann auch ein ganzes Land sicher stolz sein!

Nicht so, wenn vom Auslande uns längst bekannte Dinge als Neuerungen gebracht werden, und wenn uns dabei strahlend mitgeteilt wird, wieviel bedeutende Gelehrte dort zuvor gerade an diesem Problem gearbeitet haben! Dadurch kann nur bei dem Laien der Eindruck erweckt werden, daß wir hier in Deutschland die ganzen Jahrzehnte in unserer Wissenschaft arg im Rückstande gewesen sind, während gerade das Umgekehrte *meist* der Fall war. — Häufig sind ja die landwirtschaftlichen Produktionsbedingungen im Auslande ganz andere als bei uns und damit gar nicht direkt übertragbar. Eine Methode z. B. wie das Feldgrassystem, welches jetzt in ganz großzügiger Weise in der UdSSR eingeführt wird, wird bei uns, wo es die Verhältnisse gestatten, in Schleswig-Holstein, schon seit mehr als 250 Jahren mit größtem Erfolge durchgeführt, wobei die bekannten Knicks die Windschutzhecken bilden. Vielfach sind wir aber auch von der Feldgraswirtschaft schon zum Fruchtwechsel übergegangen, da wir von unserem Boden für unsere Bevölkerung höhere Erträge erzielen mußten, als sie uns diese Feldgraswirtschaft lieferte. — Ganz ebenso aber steht es mit unserer Wissenschaft. Die Sowjetunion z. B. hat einen Überfluß an Land; sie nahm dadurch immer mehr Neuland in Kultur, ihre Bodenkunde betrachtete so wissenschaftlich auch dieses verschiedene *Neuland*, sie war damit von vornherein mehr geologisch, geognostisch und kartographisch eingestellt, während wir auf *altem* Kulturlande unsere Erträge steigern mußten und so die Bodenkunde mehr vom pflanzenphysiologischen Standpunkte aus bearbeiteten. Das Interesse der Humuswirtschaft war so bei uns schon ein altes Problem, an dem wir wissenschaftlich seit ALBRECHT THAERS Zeiten bereits arbeiten und bodenphysikalisch bereits vor 70 Jahren durch die Forschungen von EWALD WOLLNY, der ganz besonders auf die Krümelstruktur im Boden hingewiesen hat, größte Erkenntnisse erringen konnten. Unsere deutsche Wissenschaft ist so auch auf diesem Gebiete meist führend gewesen, und unsere landwirtschaftliche Intelligenz hat sich auch alle diese Forschungsergebnisse schon jahrzehntelang zunutze gemacht bzw. zunutze machen können!

Natürlich wird die Wissenschaft viel eher in die Praxis nutzbringend eingreifen können, wenn nicht von dem einzelnen Forscher diese Vermittlungsarbeiten geleistet werden, wie das mir einst im damaligen Ostpreußen vergönnt war, sondern wenn der Staat das von sich aus in die Hand nimmt. Welche Möglichkeiten dadurch gegeben werden, erkennt man am besten an den Beispielen der UdSSR bei der Wiederfruchtbargestaltung weiter, wüst gewordener Steppenflächen, für die natürlich auch gerade die sowjetischen Gelehrten die ersten Vorarbeiten leisten durften! — Diese große Umwälzung in der sowjetischen Landwirtschaft, von der uns auch PRJANISCHNIKOW in seinem Buche ein anschauliches Bild gibt, ist staunenswert; sie verlangt die größte Hochachtung vor dem Staate, vor seiner Wissenschaft und den dabei tätigen Bauern und Arbeitern!

Auch wir in Deutschland sind bestrebt, die Erträge unserer Flächen immer weiter zu steigern, doch die Art, wie wir hier vorgehen müssen, ist, wie uns das unsere Wissenschaft lehrt, eine andere; und wiederum andere werden es in den verschiedenen Ländern der Erde sein, die das Problem der Steigerung der Ernteerträge alle in gleicher Weise interessiert, und die es bemeistern müssen im nationalen wie im internationalen Interesse an der Ernährung der Menschheit.

Und nun kommen wir zum „Gesetz des abnehmenden Bodenertrages". In diesem speziellen Falle zur Übertragung eines wissenschaftlichen Problems in eine andere Sprache. Hier liegen nun die Verhältnisse auch noch dadurch weit komplizierter als gewöhnlich, weil bereits im Deutschen dieses Gesetz falsch benannt worden war, wodurch bei einer Übertragung in eine fremde Sprache die größten Irrtümer unterlaufen mußten.

Schon im Jahre 1905 suchte ich hier Klarheit zu schaffen, als ich zu einer Kritik des Werkes von JOSEPH ESSLEN: „Das Gesetz des abnehmenden Bodenertrages seit Justus von Liebig. Eine dogmengeschichtliche Untersuchung", München 1905, J. Schweitzer Verlag (Arthur Sellier), von Schmollers Jahrbücher aus aufgefordert worden war. Gleich im Anfang dieser damals sehr beachteten Kritik habe ich vor fast 50 Jahren bereits das Folgende ausgeführt:

„Es ist zu bedauern, daß der Verfasser nicht zunächst — wenigstens im Vorwort — eine Definition des ‚Gesetzes vom abnehmenden Bodenertrage' gegeben hat, da dadurch das Verständnis, insonderheit des ersten Teiles seines Buches, für den Laien wesentlich erleichtert worden wäre. Denn der Name des Gesetzes ist an sich zwar dem Nationalökonomen geläufig, aber — für weitere Kreise unbekannt und — einst recht unglücklich gewählt. Wenn der Leser den Namen des Gesetzes liest, wird er stets geneigt sein, an die ersten Differenzen,

d. h. an eine direkte Abnahme der Bodenerträge zu denken, und nicht an die zweiten Differenzen, die das Gesetz umfaßt, an die Abnahme in der *Zunahme* der Bodenerträge."

Und so ist es auch in der Tat den Übersetzern und damit vielen ausländischen Forschern ergangen, die sich nicht tiefer mit diesem Gesetze beschäftigen konnten. Sie meinten — und das dann durchaus berechtigt! —, daß ein solches Gesetz nicht existiere, nicht richtig sei! Es stimme nicht, daß die Erträge eines Feldes von Jahr zu Jahr abnehmen müßten!

Darin haben sie nun vollkommen recht! — Daran hat aber auch keiner bei uns in Deutschland gedacht! — Unsere ganze Arbeit zur Steigerung unserer Erträge wäre ja sinnlos, wenn ein derartiges Gesetz unseren Erfolgen Schranken vorlegen würde!

Natürlich werden die Erträge von Jahr zu Jahr geringer werden, wenn man nicht für die Ertragsfähigkeit des Bodens Sorge trägt. Der Boden selbst kann auch für einige Pflanzen „ertragsmüde" werden, wenn sich in ihm z. B. Parasiten breitmachen, die für die Pflanzen gefährlich sind, wie der Kleekrebs für den Kleebau und die Rübennematode für den Runkelrübenbau. — Auch wird ein Landwirt, der immer nach Schema F arbeitet, wie er das vom Vater erlernt hat, allmählich immer geringere Erträge erzielen. — Welchen Einfluß hier bereits heute die nicht sachgemäße Anwendung der Mineraldüngung ausmachen kann, lehrt uns das Versuchsfeld des Landwirtschaftlichen Institutes der Universität Halle, wo seit 70 Jahren dauernder = „ewiger Roggenbau" durchgeführt wird. Ich habe hierzu die Mittel von je zehn Jahreserträgen in der Abb. 7 aufgetragen, und zwar als Senkrechte des jeweils mittelsten Jahres. Die hier eingetragenen, fortlaufenden zehnjährigen Mittel sollen die großen Schwankungen der einzelnen Jahreserträge ausgleichen, um den Kurvenverlauf deutlicher in Erscheinung treten zu lassen.

Man ersieht aus ihnen, daß die Jahreserträge fast gleich hoch bleiben, wenn man die Nährstoffe, die man dem Boden alle Jahre in den Ernten entzieht, jedes Jahr wieder ersetzt; so in der obersten, ausgezogenen Kurve, wo dies durch Stalldüngung, und in der obersten, punktierten Kurve, wo es durch eine volle Mineraldüngung geschah und geschieht. Läßt man aber von der letzteren allein den Stickstoff weg, so ergibt sich die gestrichelte Kurve, die einen Ertragsrückgang von 70 auf 40 dz/ha im Verlaufe dieser sieben Jahrzehnte zur Folge

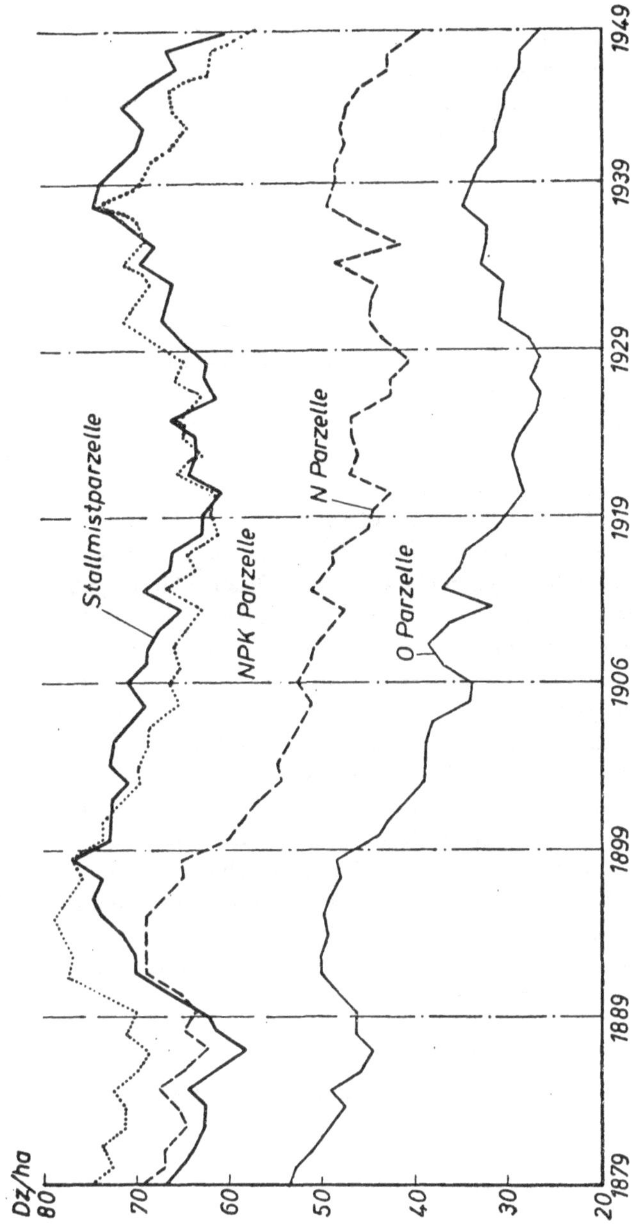
Dz/ha
80
70
60
50
40
30
20
1879
1889
1899
1906
1919
1929
1939
1949
Stallmistparzelle
NPK Parzelle
N Parzelle
O Parzelle

Abb. 7

hat; und gibt man überhaupt keine Nährstoffe, also auch keine Kali- und Phosphorsäuredüngung, dann fällt der Ertrag, wie das aus der untersten ausgezogenen Kurve zu sehen ist, von 54 auf 27 dz/ha! — Diese Ertragsrückgänge lassen sich sicher durch eine richtige Düngung und durch Einlegen einer Leguminosengründüngung auch in Ertragssteigerungen verwandeln! — Doch das gehört nicht in diesen Versuch! —

Der einzelne Landwirt hat so einen großen Einfluß auf die Ertragssteigerungen. Wenn das auch zunächst nur lokal von Bedeutung ist, so hat doch gerade, wie wir nachdem sehen werden, die große Masse der in der Landwirtschaft arbeitenden Bevölkerung einen großen Einfluß auf die Ertragssteigerung!

Von besonderer Bedeutung ist aber da auch der Staat, der den Anbau zu überwachen hat. — Werden die Wälder abgetrieben, um den Boden für einige Jahre zum Landbau nutzbar zu machen, dann wird das Klima damit verändert und durch Trockenheit und Erosionserscheinungen der Boden bald unfruchtbar. Pyrenäen, Apennin, Karst undBalkan geben ein warnendes Beispiel hierfür, ebenso in letzter Zeit auch weite Strecken in den USA. —Die starken Ertragsrückgänge, die man hier feststellen mußte, werden nun neuerdings in ganz großzügiger Weise in den UdSSR durch die Einführung des von den dortigen Gelehrten ausgearbeiteten Trawpolnaja-Systems behoben durch Anlage von Windschutzstreifen, von Bewässerungsanlagen und die Einführung einer Feldgraswirtschaft. — Ebenso wird auch die Aufforstung des Apennins dort wieder fruchtbareres Land schaffen. Hier ist schon im großen eine Lenkung von Staats wegen erforderlich, da sonst durch derartige Maßnahmen über weite Flächen Landes hin nicht nur der Boden, sondern auch das Klima weitgehend nachteilig beeinflußt wird.

Immerhin sind diese Erscheinungen, wenn auch im großen, doch *noch* lokaler Natur, wenngleich durch derartige Maßnahmen die Erträge auch schon großer Flächen Landes wesentlich gehoben werden! Es ist eine schöne Aufgabe, solches, durch das unsachgemäße Verhalten früherer Generationen unfruchtbar gewordene Land, wieder ertragsfähig zu gestalten!

Was veranlaßt uns nun aber, mit großer Sicherheit zu sagen, daß unsere Ernteerträge von Jahr zu Jahr zunehmen müssen, daß es also ein „Gesetz des abnehmenden Bodenertrages“ *nicht* gibt? PRJA-

NISCHNIKOW hat in seinem zitierten Werke folgende Angaben für die Erträge in Deutschland gemacht:

Im Mittelalter betrug hier der Kornertrag 7,5 dz/ha. Auf dieser Höhe hielt er sich kümmerlich, bis der Kleebau eingeführt und damit dem Boden Stickstoff zugeführt wurde. Er stieg jetzt schnell an und erreichte von 1840 bis 1870 bereits 13 dz/ha und 1880 schon 14 dz/ha. Auf dieser Höhe hielt er sich wieder einige Jahre lang, um dann infolge der Einführung der Mineraldüngung in den Jahren 1891 bis 1900 auf 17,4 dz/ha und 1908 bis 1913 auf 22,7 dz/ha anzusteigen.

Dieser dauernde Ertragsanstieg hat auch bis vor dem Kriege nicht aufgehört. Wie die Abb. 8 zeigt, stiegen im fünfjährigen Mittel nach der Statistik des Deutschen Reiches von 1880 bis 1914 die Weizenerträge von 13 bis 23 dz/ha, die vom Roggen von 10 bis 18 dz/ha und die der Kartoffeln von 80 bis 140 dz/ha. Wenn nun auch durch den ersten Weltkrieg ein Ertragsrückgang bei diesen drei wichtigsten Feldfrüchten, und zwar beim Weizen bis auf 17, beim Roggen bis auf 13,5 und bei den Kartoffeln bis auf 110 dz/ha folgte, so erholten sich diese Erträge bereits nach etwa 17 Jahren, um nun mit einer weiteren Steigerung einzusetzen, der natürlich der zweite Weltkrieg wieder Einhalt gebot. Die Tendenz der dauernden Ertragssteigerung ist trotz alledem augenfällig!

Man erkennt aus diesen Zahlenangaben und auch aus der Abbildung deutlich, daß man selbst in einem alten Kulturlande, wie in Deutschland, noch mit einer dauernden Ertragssteigerung rechnen kann, und wir suchen nun nach der Ursache dieser Erscheinung. Ich sehe sie zunächst in den Fortschritten, die unsere Wissenschaft in diesen Zeiten gemacht hat; fußend auf der starken Ertragssteigerung durch den Kleebau, und dann wieder durch die Mineraldüngung, können wir gleiche Erscheinungen auch weiter noch erwarten! Auch haben wir noch längst nicht alles das ausgenutzt, was uns die Mineraldüngung gebracht hat; noch ist ihre richtige Nutzanwendung bei uns keineswegs in jedes Dorf vorgedrungen; wir haben erst in letzter Zeit gelernt, wieviel Nährstoffmengen unsere Pflanzen im Boden vorfinden müssen und wie der Gehalt an diesen im Boden durch den Pflanzenversuch zu bestimmen ist; das wird in der landwirtschaftlichen Praxis noch keineswegs ausgenutzt! Wir stoßen jetzt erst wissenschaftlich in die zweckmäßige Behandlung der organischen Düngemittel vor und kommen mit neuen Methoden zur Züchtung ertragreicherer Kulturpflanzen!

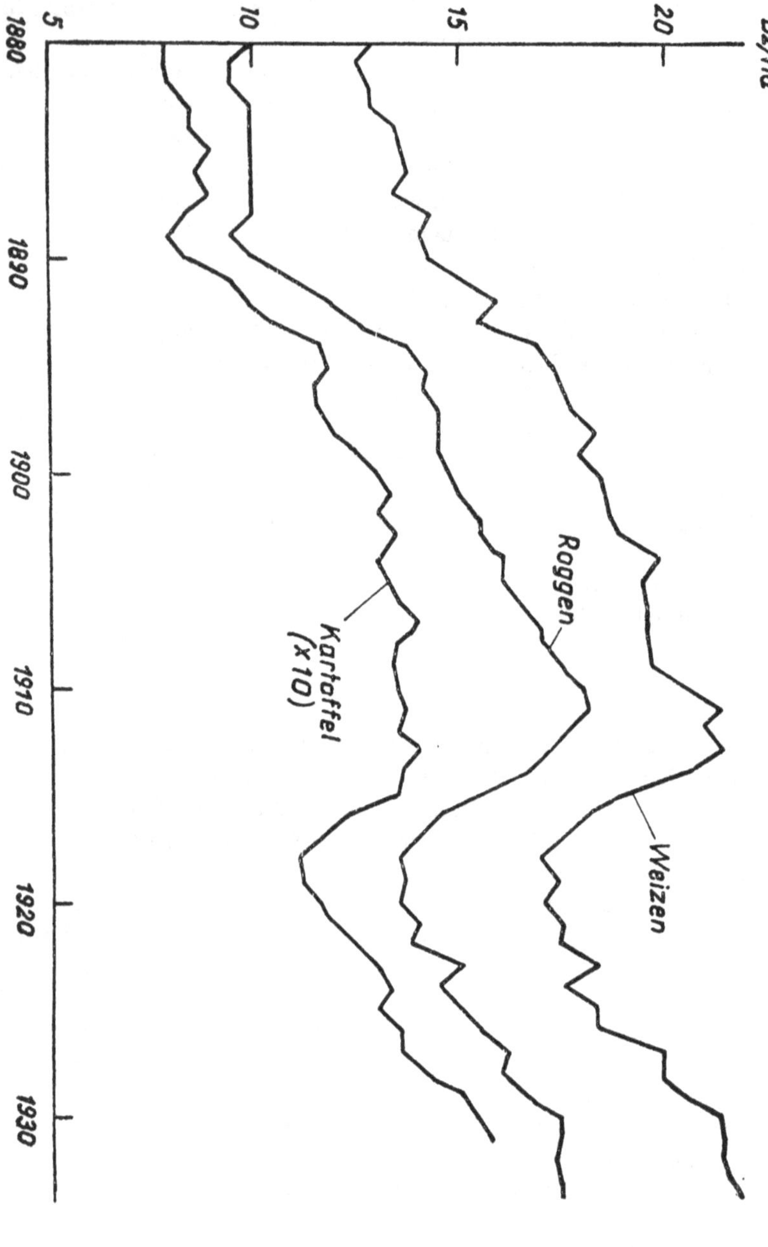
Dz/ha
20
15
10
5
1880
1890
1900
1910
1920
1930
Weizen
Roggen
Kartoffel
(x 10)

Abb. 8

Kurz: alles ist seit Jahrzehnten hier im Fluß, und auf unsere Wissenschaft bauen wir dabei in erster Linie! In zweiter aber ebenso auf die steigende Intelligenz unserer praktischen Landwirte, die sich endlich im größeren Maße die Errungenschaften unserer Wissenschaft zunutze machen werden. Dann sind sicher in absehbarer Zeit Ertragssteigerungen von Jahr zu Jahr zu erwarten, wenn sie auch mal in einem Jahr infolge der Ungunst der Witterung nicht direkt in Erscheinung treten sollten. Sie werden dann trotzdem noch höher sein, als sie unser neuer Fünfjahrplan vorsieht.

Zu diesem Gesetze des abnehmenden Bodenertrages schrieb im Vorjahre der Akademiker S. F. DEMIDOW in der Zeitschrift Agrobiologie:

„Der hervorragende Bodenkundler und Agrobiologe W. R. WILJAMS begeisterte sich an der vernichtenden Kritik des Gesetzes vom abnehmenden Bodenertrag in den genialen Werken von W. I. LENIN! ‚Lenin', schrieb W. R. WILJAMS, ‚entlarvte mit der ihm eigenen Entschiedenheit und Festigkeit das Gesetz vom abnehmenden Bodenertrage und bewies, daß es theoretisch falsch und in der Natur gar nicht vorhanden ist. Denn das Gesetz vom abnehmenden Bodenertrag, welches seinem Wesen nach auf der Ewigkeitstheorie und auf der Theorie der Verneinung der Entwicklung alles Bestehenden basiert, ist ein Versuch, die inneren Widersprüche im Kapitalismus durch erdachte Gesetze zu verschleiern."

Ein *solches* Gesetz vom abnehmenden Bodenertrage können auch wir in Deutschland nicht anerkennen! Es würde, wenn es wirklich existierte, nur in unserer Wissenschaft und Praxis unsere Freude an der eigenen Arbeit hemmen, die einzig und allein darauf gerichtet ist, die Ernährung unseres Volkes, und — da unsere wissenschaftliche Arbeit international ist — auch die der ganzen Welt sicherzustellen!

Von diesem also *nicht bestehenden* „Gesetze des abnehmenden Bodenertrages" ist nun streng zu unterscheiden das Gesetz der Abnahme in der Steigerung des Bodenertrages, oder, wenn man will, auch „das Gesetz des abnehmenden Ertragszuwachses"!

Wir wollen nun durch verschiedene Maßnahmen unseren Pflanzenertrag auf der Bodeneinheit von Jahr zu Jahr steigern. Dabei bedingt eine jede Maßnahme, die wir dazu ergreifen, wenn sie richtig angewendet wird, eine Ertragssteigerung. Wenn wir so z. B. den Humusgehalt unseres Bodens dadurch verbessern, daß wir alle organischen

Substanzen, die wir nicht zur Nahrung oder irgendwie technisch verwerten können, zu Humus machen, wenn wir Stalldünger und Kompost zweckmäßiger vergären und verlustlos unserem Boden zuführen, oder wenn wir unsere Erträge dadurch steigern, daß wir den Boden durch richtige Bodenbearbeitung (bei nicht zu nassem Zustande!) in den Krümelzustand bringen und dafür sorgen, daß er unseren Pflanzen größere Mengen an gesundem Wasser zur Verfügung stellt — oder wenn wir allgemein besseres hochgezüchtetes Saatgut zur Aussaat nehmen, das ja an und für sich schon höhere Erträge bringt — oder wenn wir vor der Aussaat und auch während der Vegetation nunmehr allgemein die richtigen Nährstoff*mengen* dem Boden zuführen, wobei ein jeder dieser Nährstoffe seine eigene Wirkung auf die Ertragssteigerung ausüben muß, wenn er noch dem Boden fehlt — oder — wenn wir während der Vegetationszeit in trockenen Wochen unsere Felder erst in größerem Umfang künstlich beregnen können — oder wenn wir während der Vegetation auch dafür sorgen, daß der Boden offen und locker bleibt und alles Unkraut, welches dem Kraut Nährstoffe, Platz und Licht entzieht, beseitigt wird, so können wir durch alle diese und noch viele andere Maßnahmen den Ertrag unserer Scholle heben und damit zur Steigerung der Jahreserträge beitragen, und jede einzelne Maßnahme, die wir hier ergreifen, wirkt dabei unabhängig von allen anderen Maßnahmen, die wir vielleicht noch nicht gleich ergreifen können, muß also von sich aus zur Ertragssteigerung unbedingt durchgeführt werden! — Es handelt sich jetzt also nicht um die Steigerung der Erträge von Jahr zu Jahr, sondern um die Frage, wie man in *einem* Jahre die höchsten Erträge erzielen kann! —

Und nun haben wir jetzt zu untersuchen, wie schnell dabei diese Ertragszunahme mit jeder Verbesserung, die wir durchführen, erfolgt. — Hier gibt es nun ein ganz bestimmtes Gesetz, das wir einmal beim einfachsten Beispiele, bei einer Düngung verfolgen wollen. Gebe ich von einer solchen Düngung eine ganz bestimmte Menge, so steigt damit der Ertrag; gebe ich dann aber noch einmal soviel, dann steigt der Ertrag wieder, doch nun nicht genau um ebensoviel wie nach der ersten Gabe, sondern um ein Geringeres! — Gebe ich nun eine dritte gleichhohe Gabe dazu, so steigt der Ertrag wieder, aber wiederum um weniger als nach der Zugabe der zweiten Gabe, usf., d. h., der Ertrags*zuwachs* wird immer *geringer*, je mehr von diesem Düngemittel man gibt, und er hört schließlich auf, wenn durch diese Düngung derart große Nährstoffmengen in den betreffenden Boden gekommen sind, wie die Pflanzen von *diesem* Nährstoff zur Erzielung *höchster* Erträge benötigen.

Man glaubte auch hier zunächst nicht an eine Abnahme des Ertragszuwachses, wie wir das eben darstellten, sondern weil man nur den Einfluß eines einzigen Wachstumsfaktors auf die Steigerung des Ertrages im Auge hatte, nahm man an, daß diese der höheren Gabe dieses einen Wachstumsfaktors proportional erfolgen müsse. Beobachtungen, die mit steigenden, aber verhältnismäßig geringen Nährstoffmengen ausgeführt wurden, schienen das auch zu bestätigen, und über die zu erzielenden Grenzwerte machte man sich keine Gedanken. Verwundern konnte das zunächst nicht, denn nahe zueinander liegende Beobachtungen, die einer Kurve folgen, kann man ja bekanntlich auch in erster Annäherung geradlinig ausgleichen. Und so stieg der Pflanzenertrag nach dem Gesetz vom Minimum von JUSTUS V. LIEBIG zunächst geradlinig an, bis ein anderer Wachstumsfaktor dann ins Minimum trat. — Man glaubte also auch an die anderen Wachstumsfaktoren, war aber andererseits der Ansicht, daß diese so lange keinen Einfluß auf die Höhe der Erträge ausübten, wie nicht ein weiterer von ihnen „ins Minimum" trat; d. h., bis von einem anderen von den für die Ertragsbildung notwendigen Mengen die verhältnismäßig geringsten Mengen vorhanden waren. Wollte man dann noch eine weitere Ertragssteigerung erzielen, so müßte man logischerweise nun die beiden jetzt im Minimum befindlichen Faktoren gleichzeitig weiter steigern usf. Doch darüber machte man sich damals keine Gedanken! — Das Bild wurde ein anderes, als man feststellen konnte, daß der Ertrag nicht nur von dem Minimumfaktor, sondern auch *gleichzeitig von allen* anderen *Wachstumsfaktoren abhängt,* und daß man so den Pflanzenertrag durch Verbesserung irgendeines Wachstumsfaktors zu steigern vermag! — Das zwang nun bei der Versuchsanstellung dazu, daß man die Ertragssteigerung, die durch irgendeinen Wachstumsfaktor eintritt, nur dann zu verfolgen vermag, wenn man dabei alle anderen Wachstumsfaktoren konstant hielt! Dabei stellte sich nunmehr heraus, daß unser Ertragszuwachs allmählich abnehmen muß und sich so der Pflanzenertrag einer Grenze, also einem endlichen Höchstwerte, nähert. Dieser „Höchstwert" oder „Höchstertrag" setzt ein, wenn die Pflanzen genügende Mengen an diesem einen Wachstumsfaktor, den wir beobachten, haben. Er bedeutet also keineswegs den Abschluß der höchsten Ertragsbildung überhaupt, sondern dieser durch diesen einen Wachstumsfaktor jeweilig erreichte Höchstertrag steigt nunmehr seinerseits wieder nach genau dem gleichen Gesetze mit jedem anderen Wachstumsfaktor, den wir besser gestalten, so auch mit der Verbesserung jedes zweiten, dritten, vierten usf. Faktors. Der jeweilige Höchstertrag gibt nur die Grenze an, bis zu welcher die Ertragssteigerung mit dem *ersten* Wachstumsfaktor möglich ist; diese ist bedingt durch die jeweilige Konstellation sämtlicher anderer Wachstumsfaktoren, die wir bei unserem Versuche konstant hielten! Welchen von all diesen verschiedenen Wachstumsfaktoren wir dabei als ersten, zweiten usf. wählen, ist ganz gleichgültig, denn mit der Verbesserung eines jeden Faktors muß so der Ertrag steigen. Allerdings wird diese Ertragssteigerung nun bei Zugabe desjenigen Faktors am größten sein, der den Pflanzen am meisten fehlt, des „Minimumfaktor" LIEBIGS, wobei man nun aber auch nie zu erraten oder gar festzustellen vermag, *welcher* von all den verschiedenen Faktoren das im Einzelfalle ist! Wie die Erträge z. B. durch Steigen der Phosphorsäuregaben zunehmen und wie sie doch gleichzeitig durch eine höhere Wassergabe weiter gesteigert werden können, mögen die Abb. 9 und 10 zeigen.

(Eine Preisaufgabe: „Welches ist hier der ‚Minimumfaktor?' Phosphorsäure oder Wasser?")

In Abb. 9 sehen wir zwei Ertragssteigerungen durch gesteigerte Phosphorsäuregaben, und zwar wurden bei beiden Kurven von dem ersten zu den folgenden Gefäßen die folgenden Gaben in Gramm Thomasmehl verabfolgt:

0,0 — 0,2 — 0,4 — 0,8 — 1,6 — 3,2 — 6,4

In der linken Ertragssteigerung wurde bei Konstanthaltung aller anderen Wachstumsfaktoren die ständige Wassermenge auf 600 ccm, in der rechten auf 1200 ccm gehalten.

In Abb. 10 sind die gleichen Gefäße derart zusammengestellt worden, daß man bei gleicher Phosphorsäuregabe in je zwei Nachbargefäßen nunmehr die Ertragssteigerung sieht, welche durch die Erhöhung des Wachstumsfaktors Wasser eintritt.

Verfolgen wir die Abnahme des Ertragszuwachses bei unserem Versuche, so werden wir finden, daß, wenn man mit einer bestimmten Menge des betreffenden Wachstumsfaktors gerade die Hälfte des

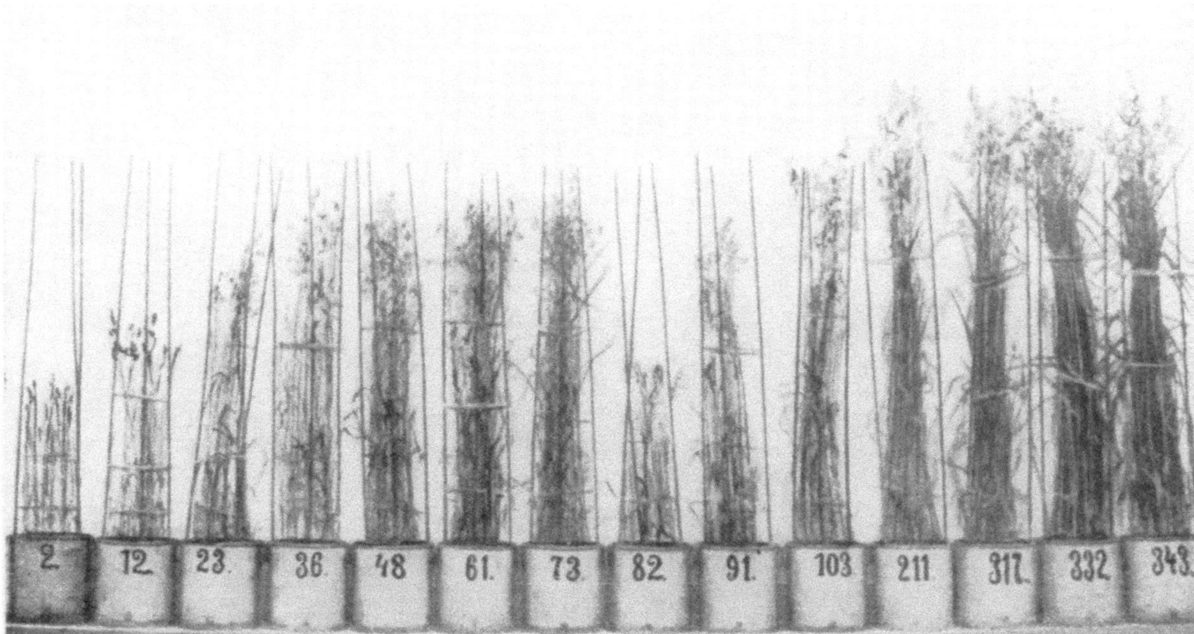

0,0	0,2	0,4	0,8	1,6	3,2	6,4	0,0	0,2	0,4	0,8	1,6	3,2	6,4	g Thomasmehl
600 g H_2O							1200 g H_2O							

Abb. 9

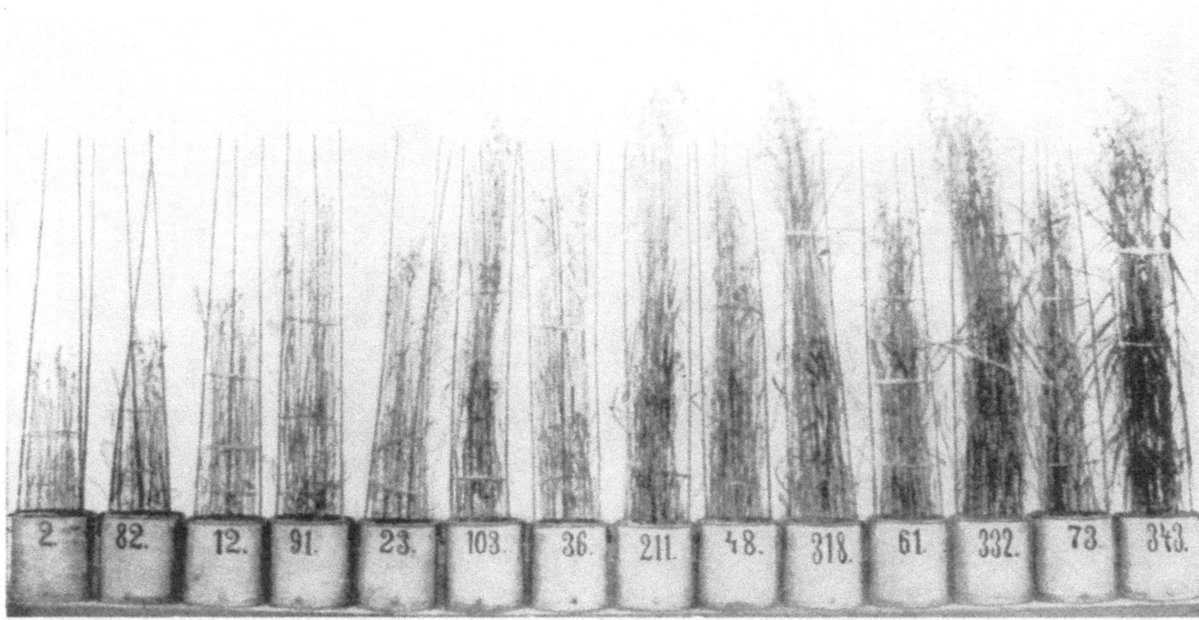

0,0		0,2		0,4		0,8		1,6		3,2		6,4		g Thomasmehl
600	1200	600	1200	600	1200	600	1200	600	1200	600	1200	600	1200	g H_2O

Abb. 10

Höchstertrages erreicht, man mit der doppelten Menge nicht die andere Hälfte, sondern nur ein Viertel mehr ernten wird, und wieder mit der dreifachen gleichhohen Gabe nicht das letzte Viertel, sondern nur ein weiteres Achtel des Höchstertrages usf. — Der Ertragszuwachs fällt also von ein Halb auf ein Viertel, auf ein Achtel, auf ein Sechszehntel usf. — Dank diesem streng mathematischen Gesetze ist es uns ja auch möglich — wie ich ihnen das früher ausführte —, den Nährstoffgehalt eines Bodens durch einen Düngungsversuch aus der Ertragssteigerung heraus zu bestimmen und dann im voraus zu berechnen, um wieviele Prozente man den jeweiligen Ertrag durch eine beliebige Düngergabe zu steigern vermag.

So können wir also durch Verbesserung eines *jeden* Wachstumsfaktors unseren Ertrag steigern, und es ist dabei ganz gleichgültig, mit welchem der verschiedenen Faktoren wir damit anfangen. Bestes Saatgut und die erforderlichen Düngemittel muß dazu der Staat liefern, aber wo und wieviel Kali oder Phosphorsäure auf dem einzelnen Felde zu düngen ist, muß der einzelne Landwirt auf seinem Felde selbst feststellen! Gerade dadurch werden unsere Hektarerträge am schnellsten zu heben sein! — Schon allein, wenn uns das *allgemein* gelingt, kann die Ertragssteigerung großer Flächen Landes, so bereits im Fünfjahrplane im Durchschnitt der DDR die Planung weit übertreffen!

Wir können aber den Jahresertrag auch dadurch ganz wesentlich gegen das Vorjahr heben, wenn wir unseren Boden allgemein besser bearbeiten, wenn wir nur erstklassiges Saatgut zur Aussaat verwenden, aber auch, wenn wir mehr auf unseren Stalldünger achten, ihn besser in Gare bringen und dabei vor Stickstoffverlusten bewahren; wenn wir alle Jauche zu Stalldung verarbeiten und ihren kostbaren Stickstoff nicht mehr in die Gosse weglaufen lassen oder aufs Feld „gießen"! — Jedwede Maßnahme, mit der wir irgendeinen der Wachstumsfaktoren der Pflanze verbessern können, wirkt sich so als Ertragssteigerung aus! — Wenn seit dem Mittelalter auch unsere Kornerträge um 300 Prozent gestiegen sind, so können wir trotzdem damit rechnen, daß sie sich auch weiterhin noch um 100 und mehr Prozente steigern lassen. Versuchen wir es erst mal mit 50 Prozent und setzen wir dafür alle Anbaumaßnahmen und die Düngung richtig an! —

Ich komme nun zum Schluß noch einmal auf das zurück, was ich anfangs über Mißverständnisse sprach, welche insonderheit bei Übertragung von Fachausdrücken in eine andere Sprache hervorgerufen werden können.

Als einst „das Gesetz vom abnehmenden Bodenertrage" in die russische Sprache übersetzt wurde, verstand man dort nicht das, was unsere deutschen Nationalökonomen allgemein darunter verstanden und verstehen, nämlich, daß mit jeder weiteren Erhöhung irgendeiner den Ertrag fördernden Maßnahme, sei sie wirtschaftlicher oder technischer Natur, die durch sie bedingten Mehrerträge ständig abnehmen müssen, sondern, man glaubte daraus schließen zu müssen, daß die Erträge selbst von Jahr zu Jahr zurückgehen sollten!

Diese falsche Auslegung fand in der Sowjetunion weite Verbreitung; und so schrieb man dort mit vollem Recht, daß ein *solches* „Gesetz vom abnehmenden Bodenertrage" *nicht* existiere! — Nun wurde aber diese in der Sowjetunion mit Recht festgestellte Tatsache, daß die Jahreserträge nicht zurückgehen, wieder in Deutschland auf das übertragen, was unsere Nationalökonomen einst unter dem „Gesetz des abnehmenden Bodenertrages" verstanden hatten, nämlich auf das Gesetz des abnehmenden Ertragszuwachses oder, wie dieses jetzt meist pflanzenphysiologisch genannt wird: „auf das Wirkungsgesetz der Wachstumsfaktoren", auf das Gesetz, welches international, und so auch von den sowjetischen Gelehrten, durchaus anerkannt wird!

Wenn so kürzlich in der „Täglichen Rundschau" ein deutscher Professor und viel gelesener landwirtschaftlicher Schriftsteller schreibt: „Vor allem muß die lähmende Irrlehre vom ‚Gesetz des abnehmenden Ertragszuwachses' jetzt endlich aus unseren landwirtschaftlichen Lehrbüchern und Schulen verschwinden!", so wendet er sich damit unwissentlich und unwissenschaftlich gegen ein Naturgesetz, welches tatsächlich besteht. Er vergrößert damit nur die Mißverständnisse, welche um das Gesetz vom abnehmenden Bodenertrag bestanden, ohne der Sache zu dienen!

LITERATUR

Bemerkungen: Im folgenden wurden folgende Abkürzungen der betreffenden Zeitschriften vorgenommen. — Wo der Autor nicht mit angegeben wurde, ist es der Verfasser selbst.

„Forsch." = Forschungen auf dem Gebiete der Agrikulturphysik.

„Fühling" = Fühling's Landwirtschaftliche Zeitung.

„K. G. G." = Schriften der Königsberger Gelehrten Gesellschaft, Naturwissenschaftliche Klasse, Jahr und Heft. Verlag Max Niemeyer, Halle/S.

„Landw. Jahrb." = Landwirtschaftliche Jahrbücher.

„Ztschr." = Zeitschrift für Pflanzenernährung, Düngung und Bodenkunde bzw. für Pflanzenernährung und Bodenkunde — Verlag Chemie, Berlin.

1. Vgl. hierzu: *Karl Boresch:* „Über Ertragsgesetze bei Pflanzen" in Ergebnisse der Biologie IV. Bd., S. 129—204. Verlag Julius Springer.

2. *v. Liebig:* „Nachtrag zu den Grundsätzen der Agrikulturchemie . . ." Braunschweig 1855, S. 13.

3. *Wagner, Paul:* Landw. Jahrb. 12. (1883), S. 583. Journal für Landwirtschaft: 31. (1883), S. 258, 268. „Der Fall Soxhlet". Darmstadt 1911, S. 113. Vgl. hierzu: Fühling 61. (1912), S. 156.

4. *v. Liebig:* „Die Naturgesetze des Feldbaus". 7. Aufl. Braunschweig 1862, S. 75, 133, 223, 227.

5. *Mayer, Adolf:* „Das Düngerkapital und der Raubbau". Heidelberg 1869, S. 13.

6. *Wollny, Ewald:* Forsch. 20. (1897/1898), S. 56ff. und 95ff.

7. *Liebscher, E.:* Journal für Landwirtschaft 43. (1895), S. 49.

8. *Eßlen, Joseph:* „Das Gesetz des abnehmenden Bodenertrages seit Justus von Liebig". Verlag J. Schweitzer-München 1905. Vgl. hierzu Schmollers Jahrbücher 1905/1906, S. 341—344. — Eilh, A. M.: Vortrag hierüber diese Schriftenreihe H. 43 (1952)

9. Landw. Jahrb. 38. (1909), S. 537—552; 39. (1909), S. 133—156.—Landw. Versuchs-Stationen 75. (1911), S. 231—263. — Dgl. 77. (1912), S. 413—428 und S. 437—439. — Dgl. 78. (1912), S. 127—130. — Landw. Jahrb. 42. (1912),

S. 701—717. — Fühling 61. (1912), S. 817—826. — Landw. Jahrb. 43. (1913), S. 405—495 und 649—668. — Landw. Versuchs-Stationen 79. (1913), S. 71 bis 96. — Mitteil. der D. L. G. 28. St. 43. S. 595—598. — Landw. Jahrb. 49. (1916), S. 335—416. — Dgl. S. 661—684. — Dgl. 51. (1917), S. 473—487. — Dgl. 52. (1918), S. 279—296. — Journal f. Landwirtschaft 66. (1919), S. 187 bis 198. — Landw. Jahrb. 53. (1919), S. 501—514. — Dgl. 56. (1921), S. 71—92. — Zeitschrift für Forst- u. Jagdwesen 53. (1920), S. 487 bis 494. — Landw. Jahrb. 58 (1923), S. 125—158. — Dgl. S. 645—653. — K. G. G. 1. (1924), H. 3. — Dgl. 3. (1926), H. 1. — Landw. Jahrb. 64. (1926), S. 191—212. — K. G. G. 5. (1928), H. 2. — Ztschr. B, 7. (1929), S. 345—352. — Landw. Jahrb. 71. (1930), S. 445—467.

10. *Baule, B.:* Landw. Jahrb. 51. (1917), S. 373ff. — Dgl. 54. (1920), S. 403ff. — Dgl. 59. (1924), S. 341ff.

11. *Reidemeister, Kurt:* K. G. G. 3. (1926), H. 1.

12. Ztschr. A, 12. (1928), S. 273—282.

13. K. G. G. 13. (1936), H. 1.

14. Ztschr. A, 1. (1922), S. 66.

15. Ebenda S. 65.

16. Ztschr. A, 8. (1926), S. 65—79 und K. G. G. 5. (1928), H. 2, S. 14—15.

17. K. G. G. 12. (1935), H. 2.

18. „Die Bestimmung des Düngerbedürfnisses des Bodens". Verlag Paul Parey, Berlin. 3. Aufl. 1930.

19. Ztschr. 38. (83.) (1947), S. 22—35.

20. Ebenda 40, (85.) (1948), S. 193—200.

21. *Wollny, E.:* Forsch. 20. S. 363ff.

22. *Wollny, E.:* ebenda S. 319ff.

23. *Wollny, E.:* ebenda S. 306—314.

24. Landw. Jahrb. 53. (1919), S. 341—360. — Fühling: 68. (1919), S. 121 bis 129. — Georgine 1919, Nr. 95—98. — Landw. Jahrb. 53. (1919), S. 341—360. — Dgl. 54. (1920), S. 703—746.

25. Ztschr. A, 1. (1922), S. 82, 83.

26. Ztschr. 38. (83.) (1947), S. 202—215.

27. *Schulz, Georg:* Landw. Jahrb. 65. (1927), S. 837—858.

28. Ztschr. A, 1. (1922), S. 66.

29. Landw. Jahrb. 58. (1923), S. 645—653 und K. G. G. 12. (1935), H. 2, S. 87.

30. Landw. Jahrb. 56. (1921), S. 77—78 und Ztschr. A, 1. (1922), S. 77—78.

31. Ztschr. A, 1. (1922), S. 67.

32. „Angewandte Botanik" 7. (1925), S. 28—30.

33. Ebenda S. 31—40.

34. Landw. Jahrb. 38. (1909), S. 540.

35. *Rauterberg, E.:* Ztschr. 35. (80.) (1944), S. 171—189.

36. Landw. Jahrb. 53. (1919), S. 167—182. — Fühling 68. (1919), S.130 bis 133; 419—426.

37. Ztschr. 9./10. (54./55.) (1938), S. 337—395.

38. *Mitscherlich, Eilh. Alfred:* Eine quantitative Stickstoffanalyse für sehr geringe Mengen. Landw. Jahrbücher XXXVIII (1909), S. 279—318.

39. Derselbe: Die Verarbeitung landwirtschaftlicher u. a. biologischer Versuchsergebnisse. Schriften d. Königsberger Gelehrten Gesellschaft, Naturw. Klasse 10. Jahr (1934) H. 7. Verlag Max Niemeyer, Halle/Saale.

40. *Lindhard, R.:* Untersuchungen im Feldversuch, Nord. Jordbruksforskning (1922), 3.—4. Ausg., S. 228.

FSC
www.fsc.org
MIX
Papier | Fördert gute Waldnutzung
FSC® C083411

Zeitfracht Medien GmbH
Ferdinand-Jühlke-Straße 7
99095 Erfurt, Deutschland
produktsicherheit@kolibri360.de